别在意别人走多快，专注于自己走多远

丁菱娟 ◎ 著

ZHEJIANG UNIVERSITY PRESS
浙江大学出版社

职场如登山，你现在在哪里？

职场对我的影响超乎我的想象。倘若没有职场的历练，我不可能走到今天，成为一个自信、成熟、有能力，并且令自己满意的人。所以在我看来，这是一条每个年轻人都值得探险的路。但每个人都是独一无二的，不用羡慕别人，要相信自己，用自己的方式走出自己的康庄大道。

职场人生就像爬山。刚大学毕业的我们成为职场新鲜人，站在山脚下看着耸入云端的高山，心里想着倘若能爬到山顶，看看山下的风景，那该多美好！所以大家一开始都怀揣着美好的希望，心里想着只要努力就一定能够成功。

于是我们满怀热情，充满信心，一步一步地往上爬。可是走着走着，忽然发现旁边有的人抄捷径；有的人则穿着专业舒适的气垫球鞋，轻快地与我们擦身而过；甚至还有人有专门的教练在旁边指导。他们就这样一个个超越我们，我们也因此乱了阵脚，发现原来每个人爬山的方式不一样，运气也不一样，装备也不一样。爬山不能只空手而来，还要有技能和装备。

我刚入职场的时候，看着那些资深的经理和助理，觉得他们好不威风，又专业又能干，心里总想着我什么时候才可以像他们那样。我向往着他们做决策时的气魄，说话时的有条不紊，可以轻松搞定客户。我也很想知道有没有捷径，但是后来发现，所谓的捷径不是每个人都适合走，也不见得走了就能到得了目的地。最快的捷径还是扎扎实实地训练自己，培养职场的专业知识和技巧。这样才能够走出困境，找对方向。最终，你会渐渐接近自己想要去的那个山顶。

等到自己当上了主管，就像到达了山腰。这个阶段你必须承上启下：既要能够让老板满意，又要能够统领团队共同向一个目标前进，真的是不容易。但是这个阶段却是我成长最快、专业经验扎根最深刻的阶段，也是跟团队合作最紧密的阶段。现在回想起来，我可以很骄傲地说：最美好的一仗，我已经打过了。

等到我到达了山顶，望着山下的美好风景，觉得这一切真的太值了。一切的努力都得到了回报，与团队一起享受山顶风光，分享自己从职场上学到的十八般武艺。而这些技能和感悟运用在人生道路上也同样受用，你会发现，解决问题时信心满满真的很重要。

职场给了我太多，包括专业、能力、经验、人脉、成长、财富，有些超出了我的期望值。我有时候常在想，倘若没有经受职场历练这一关，我可能还是一个见识不广、胆识不够、知识不足的人，不可能拥有今天的成熟度，更不可能获得今天的成就。

职场教了我很多人生哲学和智慧。不管我喜不喜欢，它都会逼迫我面对问题，学会独立，承担责任。在职场中，我的任何缺点都变得无所遁形，但只要我愿意面对，努力克服，它又会训练我变得既成熟又练达。

我从大学时的一名新鲜人，怀着天真浪漫、不切实际的心情进入了职场，一路从业务助理到专业公关、企划经理，再到创业者、跨国专业经理人，我太清楚没有职场的磨练，我不可能走到今天。

职场登山之道是人生必经的过程。虽然每个人登的山峰不同，路径不同，运气也不同，但心态非常重要。保持信心，做足准备，兢兢业业，学习专业和经验，缓步向前，才能找到适合自己的一座高峰，享受人生美景。

目　录

第三章　致即将登顶的你

第四章　除了工作，你还要懂得人生哲学

第一章

致山脚下，
待出发的你

你正蓄势待发

充满向往

仰之弥高

心想着总有一天我也要登峰造极

不用急

没有捷径

先练好脚下基本功

搞清楚职场生存法则

调整你的姿态（心态）

准备好装备（知识和技能）

可以出发了……

打破"毕业就是失业"的魔咒

现在正面临毕业季，很多今年毕业的新鲜人正焦虑着下一步。我记得我在大学里领到毕业证书的时候，只高兴了几天，接下来就是面临就业的压力。其实每个人都是从这里起步的，被保护的学生生活没了，任你玩四年的逍遥日子没了，你得硬着头皮找工作，除非有特殊原因，否则每个人早晚都要走到这一天，逃也逃不了。

我发现那些比较顺利找到工作的，大多是提早准备的人。他们在校的时候就认真学习，思考自己的兴趣，参加社团活动、各类竞赛、志愿者活动或暑假寻求打工及实习的机会。

当然，应聘或面试的过程也有些运气的成分，但是相信我，准备越充分的人，越有机会被录取。这些准备让你的履历看起来比别人更丰富，至少你可以写下社团工作的经验、比赛的奖项、实习的心得。这些都是在人生路道上，鸣枪的那一霎那，就为你装上的轮子，让你有机会脱颖而出。

如果你已经来不及了，大学也蹉跎而过，那就要"临时抱佛脚"，开始搜集你应聘公司的相关信息，写下你对此工作的观察或想法，想想为什么你可以胜任这个工作。从企业的角度思考，或许还有机会。你的人格特质、肢体语言以及表达能力，都是在面试时可以加分的点。但是千万不要不在乎，或在毫无准备的情况下想碰运气，这种情况下被聘用的机会是微乎其微的。我最讨厌的就是应聘者不做功课，网站上已有的信息却一问三不知，真是浪费彼此的时间。

不用太在意第一个工作就一定要找到梦想的工作，梦想的工作有时也要等到我们有驾驭梦想的能力才有机会得到。也就是等你有经验了，至少你可以分辨梦想是否如你所盼，还是只是你的空想。

有个起点的工作很重要，这个阶段先不要在意薪资，要在意的是有没有学习成长的机会。大部分的人找到自己的理想工作都

1

不是一步到位的，所谓理想的工作也是经由职场上的历练之后才一步步靠近的。当初我的理想工作是当记者，但是峰回路转，我选择了必须经常和记者打交道的公关工作，也算没有离太远。

做好准备，蓄势待发。

学历是职场入场券，但不是保证

一位年轻人很认真地问我："在职场上大家都说能力比学历重要，可是事实并非如此。在应征的时候，一流的公司在第一关就把我刷下来了，我根本连面试的机会都没有，是不是学历不好就永远没有机会进入心目中的一流企业上班？"

有些年轻人有这样的疑惑和不平，有的因此放弃梦想，有的变得愤世嫉俗。其实第一份工作就受挫的概率本来就很高，有几个幸运儿第一份工作就是自己最想要的，或从此未换过工作？再者，学历高的找到理想工作本来就相对公平，否则他们拼了好几年是为了什么？

然而学历的重要性跟职场却不一定成完全的正比关系。学历在第一、第二份工作中会显得相对重要些，但随着年龄的增长及经验的积累，学历的价值会越来越低，取而代之的则是经验和能力。尤其是在工作五年后，就渐渐没有人会在乎你是哪里毕业的了。

第一份工作重要是因为我们刚从学校毕业，宛如一张白纸。别人无从判断你的优秀程度，因此学历就变成较可靠、也较直观的遴选标准了。一流或知名企业的位置原本就僧多粥少，企业的人事部门手中握有那么多名校的履历表，他们当然不会浪费。只是拿到入场券并不代表从此可以高枕无忧、一路顺畅，那只是比赛的开始，中间还是得看表现和贡献度，才能有往上爬的机会。

很多非顶尖大学毕业的年轻人在找第一份工作时就向往进一流的企业，被拒绝的概率高也是正常的。我的建议是，若你对自己的学历没有自信或是被拒绝了，就不要去硬碰硬。转个弯，从别处绕道而行，等积累了经验和实力，这些一流公司反而会回头找上你，甚至是跟你合作。

譬如你可以从产业周边的公司做起。我遇到过一位年轻人，他因进不了心目中的企业，只能退而求其次地进了周边的协作厂商，最后因表现出色，获得了当初梦想企业的注意，并邀请他加入公司。所以不要在需要学历的主战场厮杀，避开主战场绕路而行或许可以看见另一番风景。

我也有见过一些学历不够高的年轻人，先从第一份工作开始积累经验，努力不懈，自己走出一片天地。也见过一些年轻人创业成功，反过来聘雇顶尖学校的毕业生当员工。所以人生要放长线，拉长后才知道胜负。

学历是职场入场券，但不是职场成功的保证。若拼不过学历，就换一条路走吧！

什么专业不重要，学到什么才重要

很多年轻人问我："我学的不是营销专业，可以进公关公司吗？"或是"我学的是文科，可以从事商业的工作吗？"我觉得这些都是自己吓自己的问题，人生有什么不能尝试，为什么要受所学科系限制呢？

我五专（五年制专科学校）念的是观光科，大学念的是中文系，工作后才修硕士，念的是企业管理。第一份工作是关于计算机的，最后却一脚踩进了不相关的传播领域直至今日。公关方面的知识我都是自学，甚至可以说是从做中学、学中做。由于当时中文系的出路极窄，置之死地于后生的想法反而让我赢得海阔天空，走出了自己的无限可能。

我曾经读过一段话："学校教我们做人处世的道理、广泛的知识、良好的品德，但是社会却教我们忘记学校所教的。"年轻时我们在社会历练方面是一张白纸，学校教的多以理论为主，且都很难应用到实际生活中。在校时我并不知道这一点，直到进入社会才发现学校教的无法解决我们在社会上所遇到的问题。社会给我们的功课远比学校的困难、复杂，而且没有标准答案。所以进入社会后要先忘掉学校所学的，当我们在工作中历练一番后，学校所学的就会慢慢回来与生活经验对接，成为一门真正的理论与实际相融合的学问。现在的工作最需要的是灵活的应变能力，这与科系无关，只与你的能力有关。

我年轻的时候最喜欢在暑假打工，我做过许多有趣的工作，譬如卖"学生之音"的唱片、当英文家教、从事电影配音工作、做电影编剧、当场记、到咖啡店煮咖啡、到旅行社做票务工作、到餐厅唱民歌，每一件事对我而言都充满着惊喜。虽然这些与我念的科系都不相关，但能帮助我更好地认识自己。那个时候我真的不知道自己未来想从事什么行业，也不知道我的能力在哪里，只是尽量去尝试、去开发，一直到现在，我都相信是这些经历引导着我走到了今天这一步。

以前觉得不相关的事情，现在就像一根引线般把过去与现在都串联在一起了。中文系的训练培养了我对文字和写作的兴趣；专科的训练让我对商业有了基本的了解，也使我具备了基本的商业技能。而那些打工时的经验，让我了解到了人际关系的重要性以及在社会生存的秘诀。凡是走过必定会留下痕迹，你曾经把握过的任何机会及努力都会在适当的时刻回馈给你。

科系的选择只是为你打开一扇窗，让我们了解某一个领域的概念知识，并探寻自己的兴趣，但我们不一定得靠这门学科赚钱，若有兴趣还得再努力学习专业知识，积累实务经验。社会的历练才是考验的开始，勇敢地踏出第一步，抓住每一个出现在你面前的机会，尽情表现，人生的精彩就在于"经过"。

你在不好意思什么？

很多女性不敢在职场上表现得主动、积极，害怕被说成爱出风头、过于强势。于是刻意压抑自己，眼睁睁地看着大好机会被男人抢走，私底下感慨自己在职场上战战兢兢，默默工作，毫无懈怠，却得不到升迁的机会，抱怨每次升迁的都是男人。这样的女性活得多么辛苦，想要又不敢争取，这些观念和心态成了女性的束缚。

但是我不免疑惑，为什么真的机会来了的时候，这些女性又表现得委婉而不敢争取？相反，男性在这方面绝不会客气，一马当先，所以机会总落在男人身上。多数女性在职场上自愿当支持者的角色，不愿意上台表演，却又怪镁光灯不打在自己身上，这

1

不是自相矛盾吗？

　　女性要在职场上争取平等权利，就必须先打罩门。女性从小被教导要以和为贵，要顺从，不要太锋芒外露，这些到了职场都变成了扣分项。现在职场竞争激烈，办公室里很多人的能力相当，最后谁能胜出，就是看谁能在关键时刻让自己被看见。机会来了，就一定要把握住机会，如若胆怯，最后只能看着别人发光发亮，自己在台下拍手。

　　不只如此，很多女性在会议时总是坐到后排，也不好意思开口发表意见，因为怕说错话。下了班不好意思准时回家，因为怕主管不开心。该加薪升迁的时候没有她，不好意思问为什么，怕主管觉得自己太自不量力。别人把不属于她的事情丢过来，她也无奈地接受，怕坏了关系。由于这个"不好意思"的心态，女性凡事委屈自己、勉强自己。最糟的是，自己不快乐，也没有人会感谢你。

　　女性自己得彻底地从传统小女人的框架中解放出来，才能顺应现代职场的趋势。譬如不执着于当个完美女性，做个真实、勇于表达自己的女性，反而更令人欣赏。

别在意别人走多快，专注于自己走多远

我就是一个从不好意思的状态中彻底解脱出来的例子。我小时候很会忍，生病时会忍痛，以为这样才勇敢；同学欺负我时，会忍着不说，怕爸妈担心；课堂上明明会的题目不敢举手回答，怕出风头。长大后更是如此，按摩时，不好意思告知服务员按小力一点，怕打扰人家；到发廊洗头时，理发师吹得不好，也不好意思说我不喜欢，还懊恼地回到家自己再重新吹洗一遍。

这都是"凡事不好意思打扰人"的心态在作祟。直到有一天我觉得受够了，才决心改变自己。在当了主管以及历经公关行业的磨练之后，我才慢慢改正了这些个性。因为营销工作最重要的就是沟通、说服；而要当主管，得引领方向，意志坚定，大声说出自己的信念和想法，服众才能成事。

女性要在职场上展现专业，必须先战胜自己的害羞与害怕心理，要有"虽千万人也要吾往矣"的勇气。第一件事就是放掉"不好意思"，任何事，只要是对的，勇敢地说出来，你会发现接下来的事情发展就不一样了。

就是要有这样的气魄，甩掉害羞腼腆，才有能力用语言与行动感染他人，才有机会在职场上发光发热。

别把任性带入职场

一位年轻女孩刚进公司不到三个月，因不小心出了差错，被客户骂了一顿，心生委屈，便上交辞职信。当她的主管开导她时，她竟说："我爸妈都把我捧在手心上，不让我受点委屈，我为什么要来这里受客户的罪？我不要做了。"主管顿时哑口无言，内心嘀咕："如果你到职场上来，还带着'公主病'，期盼着所有人都呵护你、包容你、照顾你，不受一点挫折，那你还是回爸妈身边继续待着吧，不要出来工作了。"

现代的年轻人大多是父母手中的宝，从小衣来伸手、饭来张口，要什么有什么，备受呵护，父母舍不得让小孩吃一丁点儿苦，结果反而养出了一些以自我为中心、没有同理心的王子和公主。

这些人到职场上，一受到挫折，就认为是别人的错，不会自我反省，因此很容易产生职场不适应。

我亲眼看到过一位高中女生对着她的父亲发嗲闹脾气，这位父亲竟然对女儿说："好！好！我的小公主，你说什么都好！爹地不要你长大，爹地就喜欢你这个样子。以后要是有男生欺负你，告诉爹地，我去揍他！"虽说这可能是父亲对女儿的玩笑话，但这女儿习惯了父亲的宠爱方式，除非她有自觉，否则以后很难接受别人对她的"普通待遇"，她很可能从心理上就想成为一位"长不大的小女孩"。因为在她的心里，不长大就可以得到呵护，就可以我行我素。这样的女孩子日后要想适应职场上的挑战，困难很大。

"王子病"或"公主病"是一种心态、一种习惯，多发于被娇生惯养的小孩身上。这样的人通常认为自己是独一无二的，理应被特别对待，若有任何的好处和利益，他们都应该被优先照顾，也理所当然地觉得无需感激。他们自认娇弱高贵，不能受一点委屈，若有的话，理应有一只有力的臂膀毫不迟疑地伸出来为其抵挡一切。总之，他们认为自己是娇贵的，是特别的，是要令人仰望的。

在这里我要提醒所有女孩，虽然每个女孩都有公主梦，但是随着年龄的增长，要懂得现实生活并非童话故事，要慢慢地调整自己的心态，学习何谓责任、承担与同理心。在职场上，我相信没有一家企业愿意聘请一位有"公主病"的员工。企业要的永远是能扛责任，愿意与团队合作，积极进取的人才。

所以女孩们，当公主的前提是要有国王或王子的保护，你要么期许自己一辈子都有这样的好命，要么成为一名独立自主的新女性。男性也一样，同样不要有公子哥的作派，凡事都要有人簇拥着，吃不了苦。"王子"、"公主"们毕了业，刚好是走出"宫殿"到民间生活的时候了。

叛逆别伤了自己

叛逆似乎是年轻人的权利，大多数长辈也都持包容的态度。毕竟，谁没年轻过呢？但是叛逆不应变成愤世嫉俗，看什么事情都不顺眼，认为老一辈的做法是"八股"，世界按照自己的方式运行才叫公平正义，这个思维是很危险的。

我年轻的时候，听不进父母的话，天天往外跑，想着自己可以不一样，看到自认为不公不义的事情就唱反调；长大之后，才知道那个时候的自己不仅愤世嫉俗，还很自我，只从一个角度看事情，所谓的"公义"只是自己心中的那个"公义"，现在想来当时的自己真的是蛮欠揍的。

说好听点，当时那叫有个性，但事实却是缺乏圆融，让人觉得很难搞，白白断送了许多机会。随着年纪的增长，现在的我比较外圆内方，心里有所坚持，但不会用伤人或无礼的方式去表达。我多么希望年轻时就具有现在的成熟和智慧，不要那么放大自己，很多事情并不是非黑即白，也并不是爱恨分明。

回想年轻时因缘际会参加了金韵奖民歌比赛，唱片公司希望跟我和同学一起签约。但是由于当时我们所念的女校校风保守，我们深怕签了约会被校方处罚，便犹豫了片刻。然而就在犹豫之际，唱片公司的人不耐烦地说："还考虑什么，多少人排队想签约啊！"这句话在当时听来很刺耳，趾高气昂的我哪里吞得下这句话，我就是跟别人不一样，于是大声地呛回去："别人想签就去签别人吧，我们不签！"就这样，我跟唱片公司结下了梁子，从此老死不相往来。当然唱片公司也懒得理我们，因为他们可签约的人的确有很多，不缺我们这种还没出道、讲话就这么冲的冒失鬼。

我不知当时自己在愤世嫉俗些什么，可能是因为缺乏自信，才会在别人说一点点不顺耳的话时，就觉得像有根刺卡在喉咙般无法接受，事后又骄傲地自我安慰。现在回想起来，当年那个民歌大火的年代，我们本可以有参与的大好机会，最终却因自己的无知和自大而错过。当然我并不后悔没成为歌手，我只是遗憾错失了可以与当年很多优秀民歌歌手一起走过经典的那个"过程"。

　　我这样的愤世嫉俗不止一次。在年轻的时候，有一年暑期打工时，我考上了中影电影的配音员。第一回领班来预约时间，我却因为贪玩拒绝了（真的是一点敬业精神都没有），领班生气地说："你这年轻人真不知好歹，给你机会你还推脱，你再不听话的话以后就不找你了。"我那牛脾气又来了，觉得"是可忍，孰不可忍"，又呛回去："不找就不找，有什么了不起！"讲完虽然很爽，但是机会也没了，枉费我花了三个月时间过关斩将才从三千人中被录取，却因为要个性让难得的机会飞了。

　　回忆我年轻时候的样子，个性如此尖锐，如此不圆融，如此容易被激怒，导致白白丧失了很多宝贵的机会。工作多年之后，我付出了很大的代价才慢慢地磨掉个性的棱角，变得成熟。因此现在看到很多年轻人说话冲、没礼貌、自以为正义时，我都会想起年轻时候的我。

　　在这件事上，我的教训是，在自己还未成为"咖"之前，要先把姿态放低，这样机会才会来。自以为是的自尊其实像一面镜子，你以为在捍卫自尊，其实只是自卑的反射罢了。先让自己成为"A咖"（主角），你的话才能被听见。

迷惘的时候，就先做起来吧

又到了毕业季，新鲜人即将进入社会，可眼下的就业形势严峻，找工作不容易，尤其是要找到自己喜欢的更是难上加难。目前还有很多新鲜人根本不知道自己对什么感兴趣，又怎么可能找到心目中理想的工作呢？自己没有方向，所以选择哪条路都无所谓吧。

第一份工作就接近自己的梦想，那几乎是可遇不可求的，除非你非常坚定那个目标，而你刚好又够优秀，优秀到人家非你不可，否则很难一蹴而就。大部分的人都是从做中学，从学中做，从做中去寻找机会。

若是你现在还找不到方向，还不清楚你适合什么职业或什么工作的话，也不用再想，因为要是能想得出来，早就想出来了，想不出来再想也没用。还不如先"卡位"，从你所拥有的机会里选一个比较不讨厌的，先做起来。做了之后就会有感觉，就能慢慢地理出头绪来，知道自己适合什么、不适合什么。就算你理不出来，你的主管和同事也会帮助你理清。

请不要把"钱多""工作轻松""主管和蔼可亲""公司有名""离家近"作为找工作的条件。第一份工作最不需要计较的就是薪水，最该计较的就是有没有学习成长的空间。要将自己想象成一块海绵，尽量地吸收，直到自己有感觉，别人也有感觉，感觉到你存在的价值。

我的第一份工作是当业务助理，当然它不是我梦想的工作，但是没有它当起点，让我有个舞台表现自己的积极态度和肯做的精神，我也不会有后来的机会和人脉慢慢接近我适合的工作。

公关也不是我一开始就感兴趣的工作，那个年代公关是一个很模糊的概念，专业也未形成，我当然不可能一开始就将它当成我一辈子的志业。但是从业务助理开始，我进入了企业，了解了组织的功能和结构，有了概念，有了人脉，眼界打开了，清楚了产、销、人、发、才哪个部门可能是我比较感兴趣的，又适合我的发展。因此，在内部转调后才有机会渐渐地接触到刚刚在台湾萌芽的公关业，当然前提是我必须把前面的工作做好才有转调机会。所以一步步地将手上的工作做好，你才有本钱和筹码去争取和靠近自己想要的工作，而这时候你想要的工作雏型会出现，机会也会出现。

如果你还迷惘，请不要犹豫，先做起来吧！从做中学，学中做，最终生命会帮你找到答案。

认真对待每一次实习

一位在东京经营留学机构的学姐回学校参加校庆，碰到我便拉着我讲了下面这个故事。

她在东京办公室收了一些台湾的暑期实习生，当她知道我出了书，便请其中一位即将去东京实习的学生在台北代购。这位同学一开始推说不知道在哪里买，学姐告诉他书才出版没多久，应该在连锁书店找得到。就在出发前几天，学姐问他买了没，他说没找到，学姐便请他到机场的时候顺便买一下。到了东京，学姐再问他，他还是说没看到。

学姐很生气地说："我觉得他根本没找，而且不放在心上。"我也知道那一阵子我的新书刚上市，在书店很容易就能买到。

到了实习单位后，这位同学并不投入工作，原本该做满六周的实习，在第四周过后他就临时通知公司不做了，说其他时间他要去旅游，就这样一走了之。学姐义愤填膺地痛斥："为什么现在的年轻人这么以自我为中心，只想自己要什么，却不想该做什么。"

我问学姐有没有签实习规范或合约，学姐说没有，于是我告诉她提供实习不只是帮学校的忙，还负有教育责任，所以实习要有计划，也可面试来挑选合适的年轻人，双方的权利和义务最好有个基本的描述，这样在期望值上不会有太大的落差。

其实企业好好设计并落实实习生计划是一件有价值的事，这可以成为企业文化的一环。号召全公司的人参与进来，由前辈带领实习生，将锻炼机会留给合适的年轻人，由此形成良性循环。这不仅是企业需要承担的社会责任，也有助于企业从中筛选出潜在的人才。

我劝学姐先不要失望，在台湾并不是所有的年轻人都如此，若真是这样的态度，他们在职场上早晚会踢到铁板。职场上，虽然没有义务为他人做任何事，但是若心中只存自己，全然不懂礼貌或人情世故，那在人际关系上肯定会受挫。

这位同学错把实习当作游学，随心所欲。他的这种心态或许是因为当初少了一份合约的制约，但职场上观微知著，主管心中自有一把尺。人生中宝贵的机会本就不多，当你断送了一次，就代表着断送了一串机会，因为这个贵人将不会用他的人脉引介任何机会给你了。

把握每次问蠢问题的机会

在年轻人所需要具备的能力当中，其中有一个能力经常被忽略，那就是问问题的能力。其实年轻时期是问问题最重要的时期，因为年轻，问笨问题可以被包容，而且大部分资深的前辈都愿意提携后辈，年轻人可以把握机会让自己快速成长起来。

不要小看问问题，会问问题表示你是一个好奇、有想法的年轻人，你对事情充满了热情，想知道更多的为什么；会问问题表示你会思考，有自己的观点，不畏惧权威，有表达能力。你可以从问问题当中学习、成长，如果问得得体，更会令人刮目相看。

在职场上，资深前辈的指点往往是最直接、也最能切中要害的，但很多人以为资深前辈都很忙，因此退缩，不敢去请教，故而闷着头自己干，到最后不仅做错了，还浪费了很多时间，这实在是错过了大好机会。资深前辈总说："年轻人不问，我也不会主动去教他们，因为谁知道他们不懂什么。而且只要他们有礼貌，我们必然会倾囊相授。"如此你不仅可以快速地从前辈身上挖宝，还可以拉近关系。事实上，很多职场的"眉角"都必须要靠资深前辈的指点，工作才能事半功倍。

我知道很多人不敢问问题是因为怕问笨问题而没面子，但是敢问问题，就表示有胆识，这一点足以令人刮目相看。而年轻人有问笨问题的权利，因为资历尚浅大家能多包容，当然，问问题的技巧很重要，不能太白目。如果还是怕，那就自己先破梗："我可不可以问一个笨问题？"我相信有很多人会答："什么问题都可以。"所以年轻人要想快速成长，就先从问问题开始锻炼自己的思考与表达能力吧。

在顾问服务业中，问问题也是身为顾问的有力武器，很多客户的解决方案都是在我们问问题的过程中发现的。其实客户有时候比我们更清楚他自身的问题以及要面对的挑战，只是有时候看不清楚，要是有人能帮助他抽丝剥茧，引导他思考、理清问题，他就会慢慢清楚他的需求。顾问只是加以分析和归纳，其实很多答案就在客户回答的话语中。

如果我们在比稿或是接到客户的某一项任务之前，懂得问对问题再行动，我们就能够写出更符合客户需求的企划案，以增加胜算。所以，专业的顾问都懂得问什么、怎么问、为什么问。懂得这个技巧，我相信年轻人在职场上一定能遇到很多贵人。

放手一搏，机会便会出现

朋友的小孩在国外念完大学之后，选择了去上海工作。问他为何，他说趁年轻，想到新崛起的市场闯一闯，上海机会较多。这个决定不容易，因为他的同学不是留在国外赚取高薪，就是回到台湾由父母安排工作。

第一份工作通常都不好找，他在上海租了房子，渐渐地从多次面谈的技巧上，知道了企业在意的重点以及表达的诀窍，来来回回了几次，终于找到了第一份工作，在上海落了脚。

这份工作为他开启了独立的第一步，他终于可以自己养活自己。工作了近一年之后，偶然的一次机会，他发现心目中向往已久的企业要招一位半年的临时工，他兴奋地跑去应征。对方告诉他：

1

致山脚下，待出发的你

"这个工作需要六个月，所以你必须辞掉原来的正职工作，你确定吗？"他说确定。然后对方又说："薪水也会比你以前少，你愿意吗？"他也说愿意。于是对方给了他这份临时的工作，他果真辞了工作到新公司去当临时工了，虽然周边的朋友都为他捏把冷汗。然而他说："这是我的梦想企业，我要不计代价去试试看。"只是我做长辈的总不免落入担心的俗套，叨念了一下，他却安慰我，"阿姨你不是说年轻人要有冒险的精神，不要在乎前几年的薪水，找一份自己喜欢的工作比拿高薪更重要？"是的，是我说过的。所以年轻人，去吧！

我佩服这位年轻人的义无反顾，或许因为年轻，可以潇洒，可以任性。所以趁年轻为自己勇敢一次吧，不要等老了回忆起来，后悔当初没做。并不是每个年轻人都清楚自己要什么，所以心中拥有"梦想企业"这件事我觉得就已经很酷了，至少是一个方向、一个指标，当然该尽全力去争取。

半年后遇到这位年轻人，我问他是否还在那家公司，他很骄傲地说，"还在，我很努力地让公司留住我，我现在已经是正式员工了"。我问他是如何做到的，他说，总是比别人多做一点、多想一步。后来主管发现他不仅了解产品，还很有想法，每次问他的问题总能快速地给予观点并想办法解决，已经超乎一个临时工该做的了，所以公司破例增加了一个新职位给他。

又一个令我开心的年轻人，令人欣赏。凡事多做一点，多想一点，不要认为公司付多少钱就做多少事，太斤斤计较的人往往看不到自己失去的机会。放手一搏，全心全意朝一个方向前进，就是一股力量。这股力量可以感染旁人，帮你到达那个想去的地方。我为这位年轻人鼓掌！

从经验中找到自己的方向

虽然我在很多场合中鼓励年轻人，一定要找到自己最感兴趣与擅长的事，然后坚持、投入地做一段时间，便可以看到成果。但多数初入职场的年轻人的眼神中还是会透露出迷惘，问我如何才能找到自己喜欢的事，可见大多数人还是没有方向。

那么就从工作经验中寻找吧！因为唯有通过行动，你才有可能在学习的过程中了解自己喜欢什么、擅长什么。要摆脱迷惘，工作是一个你必须尝试的过程，先不问兴趣，先从自己找到或正在从事的工作中体会，这样比较实际。

其实找到自己真正感兴趣的事并不是件简单的事。我们从青少年时期到大学时期借着不同的课程及学科，大致知道了自己喜欢什么、擅长什么，但是却没有意识到这可能就是发掘自己兴趣的启蒙，如果能够早一点发现这个关联，我们或许可以少些迷惘。

我在读书时期就发现数理化是我最头痛的科目，一来老师说什么我都听不懂，二来念得也痛苦。而一上文学或是艺术的课程我就超有精神，但文学院毕业的学生很难找到好工作，我对自己也没信心。还好进入职场之后，我才慢慢察觉出这个自以为是弱点的文学，才是我与众不同的地方。因为有文学的底子我才可以写文案，在营销的路上发挥所长。

除了少数幸运儿由于从小有父母或长辈引导，很早就找到自己的兴趣以外，很少有人从一开始就知道自己要什么或是想从事什么，因此直到大学毕业仍在迷惘的年轻人不在少数。很多时候兴趣的发现是从经验而来，因为你接触了、知道了，才激发出兴趣。与其想破头等待有兴趣的事，倒不如先将你可以遇到的第一份工作做好，这个过程可以让你清楚商业的世界、组织的角色，慢慢地你会明白你适合什么工作。

我走上公关这条路也不是事先规划好的，当时公关还是很新的行业，我也不明白其内容和本质是什么。因为第一份工作在宏碁，公司有这样的职位，而自己也因为先接触了商业才了解公关，进而对它产生了兴趣。因为感兴趣才开始投入，从做中学，慢慢发展成为我的专长。

年轻人迷惘可能是人生中必经的过程，但要尽量缩短这个过程。在还没决定要投入哪个行业或选择哪个职位之前，任何你接触的行业或者职位，只要有成长、有学习的机会，就不要排斥，先做了再说。因为很少有人在第一份工作时就找到梦想中的职务，而职业生涯中总有几个转换的机会，慢慢地去靠近你的兴趣，就是一件快乐的事。

根据调查，能够早一点找到自己的兴趣或是早一点下定决心要选择哪一条路的人，往往比较容易成功，毕竟他们比别人少浪费时间，早已朝着自己既定的目标迈进了。

学语言，开口就好

最近有机会到伦敦游学两周，约访了 EF（英孚教育英语培训机构）负责伦敦罗素学院的总监，询问她有关学语言的关键以及她对于台湾学生的看法。由于她在伦敦主持这所最受学生欢迎的留学机构已经超过七年，教学经验丰富，对于她宝贵的分享，我也深有同感，我想这对于想出国留学或游学的学生而言应该有很大的帮助。

她表示"自信"这两个字是最重要的。"自信关乎你不怕说错，你不怕被笑，你很自在地表达，你也愿意敞开心胸倾听、接受不同的人。"她觉得人只要愿意开口说话，敢沟通，语言一定会进步，问题也都会迎刃而解，同时很容易交到朋友，展开美好的学习旅程。

"每个人的个性特质也会影响到学习效果。积极、乐于沟通的人学习速度较快，而害羞、保守的人则速度较慢。"她说。

在她的印象里，亚洲学生是比较慢热的，他们一开始都很害羞、腼腆，静静地观察整个情势，不随便开口。她说："我们老师必须要很有耐心地引导这些学生，让他们安心，等他们熟悉了环境，他们才会放心地开口说话。在学业方面，来之前他们的在线考试分数都不错，有的甚至很高，但是一到学校口试的时候却又不敢开口，因此口试分数不高，会影响到分班的情况。"

据她观察，"台湾的学生基本上都很有礼貌，很客气，会打招呼，会谢谢老师和教职人员，也经常带家乡的礼物来送我们，让我们都觉得很窝心，这是他们的优点"。

"但另一方面，台湾学生是比较害羞的，他们太在意自己的文法对不对，发音标不标准，不敢大胆地开口，因此进步的速度就比较慢。"她再次强调："其实真正沟通的时候，没有人会在意你的文法或发音，只要你愿意尝试说出口，就算用单字，加上身体语言，大家都会理解。语言本来就是以沟通为主，文法和发音只是从专业角度上帮你加强或更上一层楼，那不是主要的，最重要的还是开口讲。"

我了解台湾学生的心理障碍，台湾的教育加上环境，让我们觉得自己英文不够好，因此不敢开口。可是你越害怕，越往后缩，就越没自信，别人也不知道如何跟你相处。一位专家建议，反正出门在外，别人也不认识你，可以设定好目标，每天找一位陌生同学说话练英文，每个人都是你的练习对象，你不妨以微笑问候和自我介绍为开端，这样别人就有回应了。

　　学语言，只要豁出去开口说就对了！

求学在外，先做好独立的准备

对于一位初次到国外游学或留学的学生而言，心态的调整是十分重要的。如果没有准备好吃苦和独立的话，出国游学就会很受挫。因为不管游学机构安排得多么完善，行前说明再怎么详细，到了异地后，人生地不熟，还是会出现很多与预期不同的状况，这时候靠的就是自己的应变能力和乐观的心态。

出国游学也是训练自己独立性的一种方法，想要锻炼自己的学生及其父母都可以试一试。因为到了异地，不管发生什么事，再怎么生气或耍赖，最终还是得靠自己解决问题。试着自己处理看看，你会发现事情其实没那么难，独立生活的成就感也就来了。像我女儿在家连煎个蛋都不会，到国外求学之后，竟也学会了几道菜喂饱自己，还得意地拍照与我分享。可见人的潜力是无穷的，只是先前没有机会发挥而已。所以我建议初次留学或游学的人，出发之前最好调整好心态，"凡事自己来"的决心是一定要有的。

我的游学初体验也是状况连连，刚抵达机场就碰到该接机的人没出现，加上我手机落地不通，联络不到人，我只得自己想办法到住宿处。

隔天上课我又错过要带领新生去学校的人，而我完全不知道宿舍到学校的路，我打开地图研究一番之后，发现坐公交车和走路的时间是一样的，于是我决定走路，但我又怕第一天上课迟到，遂决定堵在宿舍门口问出门的学生是不是老生，可否带我一起去学校，最终我幸运地解决了问题。而我这个"路痴"又连着几天一直迷路，最终靠自己一路打听才找到路。总之，所有事情不可能按计划进行，持什么心态就很重要。倘若你希望一切有人照顾，有人依赖，那可能失望更大，倒不如自己解决。

我听说有学生一到当地学校，出了状况就抱怨游学机构服务不周或学校安排不当，也有父母打电话到学校抱怨，要求学校给予特殊照顾。我认为这些做法都很不妥，因为父母的介入实质上剥夺了子女独立学习成长的机会，非常可惜。我们当然可以向学校反映遇到的状况，提出个人需求，但不应抱有"客户即老大"的心态。有时候是学生自己心态上期望太高，没有做好独立面对生活的准备，以至于一发生状况就期待有人处理。当他觉得无以依赖的时候，他的潜能才会被激发出来，从而主动解决问题。

所以求学在外，先做好独立的心理准备，将生活上面临的各项问题当成锻炼自我的养分，这样才能在求学生活中真正成长起来。

记住，挫折与青春同行

以前面试新人的时候，我一定会问的一个问题就是：你人生中遇到的最大的挫折是什么？你如何去突破？我希望从这个答案中了解面试者的心理素质、抗压能力以及他面对问题的心态。但是出乎意料的是，我得到的回答通常像这样，"我有一次考试考不好，没有 90 分以上……"，或是"我没有考上理想的大学……"。

我有些吃惊与担心，这些小小的挫败都被列为人生最大挫折，可见现在年轻人真没经受过什么重大挑战，他们的人生还有很长的路要走。或许年轻人要出社会以后，才会经历真正的挫折，之前都被父母保护惯了。父母对子女的期盼值也大多放在学业上，这造成除了念书之外，年轻人其他的能力都显得不足，一点小小的挫折就可能无法释怀，以至于无法适应职场的竞争。

在现实生活中，会念书并不是成功的保障，抗压性强、情商高、会沟通等才是重要的竞争力。年轻的时候太顺利也不见得是好事，那容易让人以为人生就是这样的理所当然，容易骄傲或自我感觉良好。因此很多主管会从面试中了解应征者的性格、抗压性以及责任感，这些恐怕都不是课堂上会教的。

我相信没有年轻人会希望自己抗压性弱，但是若自己被保护得太好，那就要检视自己是否禁得起打击。学生可以在大学时多参加社团或利用假期打工，培养人际关系，进而在职场上懂得如何面对问题与挑战，不能有轻易放弃或逃避的态度，这样就可以逐渐增强自己的抗压性。压力真的太大时，应该找主管帮忙，千万不可逃避，因为这次躲掉了，下次同样的问题还是会来找你，不管你在哪里。

人生的挫折早来早好，因为年轻时包袱较轻，挫折的损失不会太大，社会压力较少，也比较容易释怀。唯有愿意面对并解决问题，事过境迁后才能够增强抗压性。

挫折和青春同样是人生的必然，不管你喜不喜欢，一个躲也躲不掉，一个留也留不住。倒不如勇敢面对，一关一关地过，渐渐就有一种从容不迫的气质，久而久之，会让旁人产生安定感，而你也就慢慢具备了领导该有的风范。

所以，增强抗压性的不二法门是面对、迎接，而不是逃避。

第二章

致山腰上，
往上爬的你

你已经走了一段路

路上你与他人结伴而行

有一些同伴与你分道扬镳

你有一点不确定路程还有多远

偶而感到有些累了

也想换个步道

你不知道该坚持还是该休息

攻顶需要信心和勇气

也要有一点运气

或许不见得爬得到那个山顶

但都值得努力一下

这个过程因为专注和投入

你变得强壮也比较有经验

所以重新调整一下步伐

练习一下呼吸

再次出发吧！

请带一个观点进客户会议室

一位前同事回忆起她年轻时第一次跟我去拜访大客户时的情景，当时她对于要与资深的客户对话感到非常紧张，问我该如何取得客户的信任。那时我说："带一个观点进去。"她说这个提醒让她印象深刻，而且深深地影响了她日后的学习和工作。

在职场，我们经常碰到与资深客户一起开会的机会。通常年轻的同事在进会议室之前都会小心翼翼，他们不知道该如何与这些经验丰富的长辈对话，他们觉得客户像一座高山，可望不可即。可想而知，这些年轻同事的压力有多大。

当然，要比产业知识及专业度的话，我们绝对不及客户，这方面我们也不用凌驾于客户之上。但是对于品牌或观点传播，以及外界媒体和消费者对他们的评价，客户需要一个客观的第三方为他们提供诚恳的建言。这就是顾问的角色，而我们就是要扮演这个角色。所以每次开会之前，针对主题准备一个观点就有了价值，当然这个观点要讲得清楚并有逻辑。

年轻时，我也遇到过这样会让我心虚的场景。在开会的时候，我总是坐立难安，唯恐被客户问到自己没办法回答的问题。后来我发现客户不会在他们自己的产业或技术问题上来为难我们，反而希望我们在传播的观点上提出看法，以弥补他们的不足，或者提醒他们看不到的地方。

渐渐地，我习惯每次在开会之前就开始思考，客户在传播或媒体沟通上会碰到什么困难，然后着手准备一个观点带入会议室。因为有事前准备，所以当场就容易引起热烈的讨论，并收到反馈。

所谓术业有专攻，客户所需要的是由我们告诉他所不知道的事，给他不同角度的建议，让他可以全方位考虑并做出正确的判断。所以我们不用担忧我们的不足之处，反而应该专注于我们所知道的、擅长的领域，引导客户，给他新观点。

纵使你是一个没有经过社会历练的年轻人，也可以在会议室里以一个新时代年轻人的角度提供意见和分享观点。因为在场的决策者更想知道现在的年轻人在想什么、在意什么，年轻人的消费行为正是很多客户密切观察的方向。

不要小看自己。若产业知识不足，客户是会教导我们的，他们只要我们提出的观点对他们有价值。互补且尊重，才是我们与客户之间最棒的合作模式。

难怪你当不了店长

前两天和家人、朋友去一家知名的连锁餐厅吃饭，一位笑容可掬的服务人员出来迎接我们到预订的位置，递上毛巾，端上预先准备好的饮料，再递上菜单，这让在滂沱大雨中抵达这里的我们顿时觉得舒服无比，对这家餐厅印象良好。

就在我们对点菜有点犹豫不决的时候，她过来询问我们需不需要帮忙，然后很清楚地告知我们单点和套餐之间的差别，并建议我们这么多人倘若是第一次来，可以试试他们的套餐，比较划得来，又可以尝尝最经典的口味。用餐的过程当中，她不仅态度好，而且与顾客的互动与应对也不像一般的服务生，这令我印象深刻。后来才知道她是店长。

由于餐厅的生意非常好，她不是只服务我们一桌。用餐的过程中，我们需要添几双筷子，就没打扰她，呼叫了其他的服务人员。只见一个服务生过来，冷漠地"嗯"了一声就走了。筷子拿来时，我们询问她加送的一瓶饮料为何没有送来，她狐疑地望着我们，直说我们听错了，没这回事。我的几位好友挤挤眼，表示算了，但也怀疑怎么可能这么多人同时听错了，顿时觉得这家餐厅服务质量真是参差不齐。

身旁的企业家友人悄悄跟我说，这种服务生当不了店长，我也同意地点点头。朋友聊天说，不知是因为店长当了店长所以才热情工作，还是那位服务员觉得自己不是店长所以就只是当一份工作而已。

我们吃饱后，店长过来了，问我们满不满意，我们问她有关送饮料的事情，她笑着解释套餐的确没有加送额外的饮料，或许是她们表达不够清楚。她表示了抱歉，过不久她为我们拿来了一瓶饮料，直说这是招待。朋友齐声说，难怪她是店长。

这次的用餐让我们体验了不同的服务态度与水平，除了谁可以当店长的感概之外，深感一家信誉卓越的企业，不能只靠主管或是几位明星式的职员撑着，必须要有全体员工的教育训练以及企业文化的引领，让员工都有店长式的服务热情。

其实服务最难的地方就在这里，然而服务的竞争力也在这里。

外表也是一种竞争力

"内在美真的比外在美重要"，我以前很相信这句话，觉得打扮自己是件浪费时间的事，倒不如把时间放在充实自己内心上面。但进入社会以后，我渐渐发现外在美往往先天得利，于是开始观察漂亮女人是如何打扮的。后来发现，适度的打扮真的可以为自己加分不少，尤其是在职场和人际关系上，这真的验证了"只有懒女人，没有丑女人"。你可以更美丽，只要你愿意。

这年头女人不必为悦己者容，但须为自己"容"。打扮得体，连自己看了都高兴的话，那一天也会比较有自信，和周边的关系也能好起来，包括人和环境。我有好几次因为穿对了衣服，画了适宜的淡妆，发现旁人看我的眼神都充满了欣赏，自己心情也相对好了起来，做什么事情都顺，讲起话来也特别温柔，可能是不想破坏当天完美的形象吧。反正周遭的事物都一起改变了，所以后来我上班出门一定会化淡妆，不为别的，只为自己高兴。

在演讲时，一位年长男性听者问我，如何建议年轻的女子化淡妆来上班，他觉得这是一种礼貌。但是他的下属，一位年轻女孩，总是脂粉未施，穿着随便地来上班。他觉得这样很不得体，而且也不能给客户留下一个专业的形象。我说针对这种事情，主管应该在团队会议的时候说出对大家穿着的要求与期望，不要做出对个人有针对性的言论。在我做主管之前，有位男性主管就规定他小组的成员见客户前必须把外套和高跟鞋穿起来，不准露脚指头。这种要求虽然严厉，但是后来客户对该小组的成员印象特别深刻，直夸该团队很专业。

自然美或许在青春无敌的时候很受用，的确，年轻的时候拥有紧致的皮肤以及玲珑的身材，只穿简单的牛仔裤和 T 恤就足以魅力四射。但是女性一旦过了 40 岁，就会发现已经撑不起少女的服饰了。所以注重自己的外表不是为了讨好别人，而是使自己更自信，让自己更喜欢自己。我常说，若你在镜子中看到自己都那么欢喜，那么别人见你肯定也会如沐春风。

我身边有一些朋友随着年纪的增长不再打扮，以最天然的面貌呈现在公众面前。一些同年纪的朋友说："年纪大了无所谓，要不然怎样？"这种说法我觉得有一点倚老卖老，而且是一种自我放弃。

外在跟内在一样重要。其实不只是男人，女人也是一种很重视视觉享受的动物，否则帅哥市场不会这么吃香。我每次看我儿子对着镜子反反复复地用发胶在抓他的头发时，总故意酸他："帅能怎样？"他马上就能说出帅的十大好处，可见年轻人早就知道外表的魅力了。

人终究还是喜欢看美丽的事物，让自己变成美丽风景的一部分是挺赏心悦目的一件事。在乎外表也不等于肤浅，只是不要空有外表，内涵也要并重。

聪明的顾问引导客户做决定

一位年轻人很沮丧地问我："做客户服务的最终都是客户说了算，如果我们都不能做决定，那做这个行业的热情在哪里？顾问的尊严在哪里？我们给客户的建议不就白搭了吗？如果客户老是自作主张，不听我们的建议，这还叫顾问吗？"

其实我们做顾问的总有一个迷思，就是客户应该听我们的，我们是为他好。然而我们得清楚，顾问本来就不是做决定的人，决定权在客户，顾问只有建议权，客户本来就有权利决定要不要采用顾问的建议，毕竟客户承担最后的成败责任。

通常客户不听顾问的建议有两个原因：一是顾问的建议不够周全，不是客户想要的；二是虽然顾问的意见很好，但客户另有考量，没说出来。但是若因为决定权不在自己手中，就放弃建议权或任由客户自行冒险，那就是罔顾当顾问的责任。所以客户不采用我们的方案时不用沮丧，要思考客户不采用的最深层原因，作为下次方案修正的依据，最终就会越来越靠近客户的心理需求。

顾问最重要的就是提出解决方案或建议，然后针对每一个方案做得失与风险的分析，最后让客户自主决定。当然，资深的顾问会引导客户选择他所喜欢的方案，表面上让客户做了决定，事实上就是听从了顾问的建议。客户觉得这个方案是由他自己拍板定案的，当然在资源上也会全力配合。缺乏经验的顾问就是当客户意见跟你的意见不一致时，坚持己见，与客户发生冲突。

客户若选择了与我们相左的方案，我们必须提醒他们我们的担忧以及他们可能承担的风险。倘若这些忠告都提出了，客户还是执意于他的选择，那表示他愿意承担风险，我们也应全力配合，以风险降至最低为考量，除非客户的选择背离了我们的价值观，毕竟诚信还是行销的核心精神。

让客户知道他的选择所存在的风险是顾问的职责，若最终客户的选择与顾问的建议相左，还是得尊重。毕竟花钱的是客户，最后要承担结果的也是他们，他们一定比代理商更在意结果。做营销顾问的一定要能调意消费者心理，了解客户在意的点，才能避开"雷区"，达到双赢。

有的客户喜欢打"安全牌"，有的客户想挑战新的构想，口味各有不同。了解客户想法与风格有助于我们未来的方案设计，但是别忘了客户也是善变的，所以不要只出一种牌，客户也希望代理商给他一些新的想法和刺激。

聪明的顾问会让客户做决定，但其实是顾问在引导答案。

人情世故，就藏在体贴圆融里

所谓人情世故，就是在最细微的地方顾虑到对方的感受。

有一位出版社的编辑私信给我，问我是否愿意接受他们赠送的一本新书，他表示如果我愿意接受的话，可否在看完之后帮他们做宣传。不知道为什么，我看完这封信之后心里觉得怪怪的。于是我回信说："我不喜欢有压力，如果你对我有期待的话，请不要送给我。"

书我可以自己买，读完之后我有感会发文推荐，自由意志没有任何压力，那是真心的。可是若我接受了他的馈赠，就等同接受了附带条件，就算看完之后觉得不错而推荐，自己可能还是怀疑会不会是人情压力，况且还真是没什么交情。这样轻的礼物还要在事前先问当事人的意愿才决定送不送，令人觉得"敬谢不敏"。

收礼物要看贵重与否，商业场合上太贵重的礼物可能有它的对价关系，不能随便收。现在很多品牌找名人或网红做置入式行销，会问对方愿不愿意接受这样的赠品而写推荐文。像手机、3C之类的产品，最好有合约，说清楚、讲明白，受赠者写推荐文时也最好让读者知道这是试用心得或广告宣传，否则可能让消费者有被利用之感。可是若是像图书这样的东西，重在送礼人的心意，就无须再给人任何心理负担了。

同样是当天，我收到了另外一家出版社寄来的一个快递，打开一看，编辑附着一封信写道："丁老师，这是我们新出版的一本新书，我觉得非常适合你阅读，希望你会喜欢，预祝你阅读愉快。谢谢！"看完之后我会心一笑，如沐春风，心里顿时为这家出版社及编辑加分不少，心想我倘若喜欢一定会为之推荐。

职场上做人的"眉角"很难教。的确，多一句话，少一句话，给人的感受大大不同。问题是什么时候该多一句，什么时候该少一句，这就是艺术。人情世故，就藏在体贴圆融里。

不要当爱"倒垃圾"的人

最近一位朋友的女儿从国外工作回来度假，找我聊天，我问她上班后有什么心得。

她说："阿姨，我发现在职场中最喜欢抱怨的那些人到最后都会是 loser。"我很讶异，她才 23 岁，竟然有这样的体验。

她进一步说："那些喜欢抱怨的同事，每次都讲一样的话，总是抱怨别人不好、环境不好、机会太少，可是从来没反省过自己。久了之后，大家都听烦了，便慢慢地远离她，不喜欢跟她多来往。"

女孩这番话，我觉得还蛮有道理的。不要以为抱怨只是小事，当抱怨变成习惯以后，别人可能觉得你总是在"倒垃圾"，久而久之也没有人想当"垃圾桶"了。当别人都努力往前走的时候，只有你一个人还在原地唉声叹气，当然就容易变成失败者。

爱抱怨的人遇到事情第一反应就是先怪别人，渐渐就会失去自省的能力。当一个人失去自省能力的时候，就永远不会觉得自己需要改进，这样的习惯将使自己成为一个原地踏步、不受欢迎的人。

女孩描述她身边这样一位同事：一开始大家都相约一起吃中饭，这位同事每次总会发牢骚，今天骂客户，明天骂老板，后天又讲同事，大家以为她是受了委屈，一开始还总安慰她、开导她。没想到她越来越肆无忌惮，老是抱怨相同的事，只是说法不同而已。后来大家觉得没意思，也不想老是接收负面信息，索性不找她吃饭，同事关系变得很尴尬，她在公司的人际关系也越来越差。

有时我们身边的同事或友人抱怨时，我们都会给予安慰和打气，大部分的人经过了时间的沉淀，总会慢慢复原或忘记，而看到朋友因为我们的分享或安慰继续前行，我们也觉得高兴。这样的朋友才能长久，才能相伴成长。

但若是碰到有人总是在抱怨类似的事，似乎把我们之前劝过的话都抛在脑后，我们每次碰面就要重复当辅导员的角色，能不累吗？

抱怨的人会越来越不快乐，身边的人也会离他而去，所以千万不要当一个爱"倒垃圾"的人。不要让抱怨变成习惯，无论发生了什么伤心、难过、悲伤的事情，我们都要尽量缩短难过的时间，不能抱着不放，否则就是自己惩罚自己。

身边若有这样的朋友，我们也只能放手。因为负面能量对我们的健康非常不利，而且，往前走，对我们太重要了。

去看讨厌的人身上有什么优点

当你看到讨厌的人，你也许恨不得离他越远越好，恨不得他从你眼前消失，甚至觉得多看他一眼都是在浪费你的精力。但是，万一讨厌的人是你的老板或是客户呢？

大家都知道朋友可以选择，但是同事或客户却不行。在职场上，为了工作需要，我们得跟与工作相关的伙伴合作，完成目标。不管喜不喜欢对方，你都得全力以赴。在这方面，我们必须具备所谓的"专业素质"，也就是为了完成目标任务，我们必须放下私人好恶与人合作，这才是真正具备专业素质的人。

在职场上，我们一定要有这样的思维：团队任务执行中不能夹杂个人好恶，在执行任务时心中只能有目标和解决方案，不能让个人的恩怨或情感影响任务的完成进度。如果我们无法将心中的好恶先放一旁的话，一定会阻碍任务的进程。我们可能会想尽办法不与这个人接触，或是碰面时面露不屑，这样的身体语言会反射到对方的心里，难道他会不知道你不喜欢他吗？那他会不会也想尽办法来刁难你，让你无法完成任务呢？万一他又是你完成目标的关键人物，那情况就更糟了。

放下心里的厌恶只是个消极的做法，积极的做法是看他身上有什么特点或优点。他真的有这么糟吗？难道他身上没有一丝丝的优点或厉害之处吗？那他怎么可以到了现在这个位置呢？再深入探讨下这些特点，你就会发现他们也不是一无是处，只是这些特点刚好不是你所欣赏的而已。

我以前有一位客户，他对公关公司的服务专员总是颐指气使，因此我的同事很不喜欢跟他合作，但他在组织里却年年升职。对此同事们很不解，为什么这样的人还能受到重视？难道他的老板没长眼睛？原来他在公司里对老板非常忠心，使命必达，在同事面前也会尽量配合，他很清楚他的目标对象是谁，也就是说他知道自己的生存之道。所以这时候你能不佩服他吗？当你看清楚整个局面，你就会知道每个人在他的位置上都有他的"罩门"，这时候，你可能就能用比较平和的心态跟他合作。

　　曾经有位朋友跟我抱怨说他的主管只是比较会写报告、英文比较好，就受到老板的重视。所有的任务他主管只出一张嘴巴，执行的事情都是他在做，为什么老板都没看到？我就说："那不就是他的优点吗？你也学学他写好报告，讲好英文，看看会怎样，不要只是在这里抱怨。"

　　讨厌一个人并拒绝跟他合作，只会显得我们气度小、能力不足，我们需要积极地发现对方身上的特点。我们所讨厌的人可能是我们的镜子，甚至是贵人，从他们身上我们可以看到自己有什么需要改进的地方，这会帮助我们变得更好。

已读不回？这很不负责任

进入职场之后，渐渐地发现，反馈、回应都是一种必备的能力，无论你喜不喜欢，这是别人评估你负不负责任的标准之一。在英文中，responsibility 这个单词，是由 response（回应）和 ability（能力）两个字根加在一起的。所以在西方人的眼中，责任就等于"回应的能力"。你能否给人以有责任的感觉，就取决于你的回应能力。

在商务往来中，一般跨国的电子邮件，我们应在 24 小时内回应，紧急的更是看到就该立即回应。有时候，问题无法即时解答，也必须告诉别人你收到了。绝对不能因为暂时没有答案，就不回应。另外答应别人的事，就得尽量做到，做不到也要尽快反馈给对方，让对方有时间可以应对。

当然，每个人的回应习惯都有所不同。有的人心里想"我知道了"，所以不回，其实也会造成发信者的忧虑。无法马上回答的，也可以这么回应："收到，再想想。"经常回应的人通常是在人际关系中较积极主动的人，如果你是被动、不善于回应的人，可以声明，"别加我到群组，有事再通知我就好"，或是"可以加我到群组，但我不会时时看信息，所以不会实时回，请大家多包涵"。事先说明立场，也是一种表态，要不然现在通信软件的群组这么多，大多数聊天的细节无关紧要，还真的无法一一回应。总之，让对方知道你的回应模式也是减少磨擦的方式之一。

现在年轻人的恋情也常因对方经常已读不回，而产生了不信任感，最终分手。回应表示代表了你对对方的在乎与责任感。当然，从另一个角度看，也要提醒自己不要对别人已读不回的行为太焦虑或失望，真的很在意的话就打个电话确认清楚，否则很容易被通信软件绑架，搞得自己神经紧张，患得患失，这是得不偿失的。可见，人际关系松紧的拿捏也是非常重要的。

就商业领域而言，不回应或已读不回是不专业的行为之一。根据调查，客户会炒代理商鱿鱼的几大原因之一竟然是经常找不到人，可见找不到人这件事是会让客户抓狂的。

所以下回看到老板或客户的短信或电话，再怎么不情愿，也别装作没看到，试着做一个专业而负责任的人。

人生的自由，要自己创造

你又在发脾气了，说不喜欢被管。其实没有人喜欢被管，我们从小就急着挣脱父母的管教、师长的教导，到了职场又想摆脱主管的管理，希望一切由我做主。我们终其一生好像都在摆脱束缚，但是如何才能不被管呢？

我曾经因为不想被管，所以自己创业了，但后来发现，虽然没有老板管，但客户、员工和投资人反倒对我形成了一种无形的约束，你得对他们负责任，还得符合他们的期待。从那以后我体会到了，原来创业是心灵更不自由的选择。但因为责任感和自我实现的驱动，让我心甘情愿地被束缚。所以即便是创业者，也会有很大的压力。

其实仔细一想，拥有自主权的唯一方法就是自律。让人放心，这样主管就管不着你了，因为该做的你都做到了，甚至比主管想象的还要好，那干吗要管你，管你就等于浪费时间，除非他存心找碴。何况大部分的主管只会做异常管理，你若正常，一切符合计划，在常轨上行走，主管自然就不会来管，因为他们也都很忙，还要忙着去管那些达不到目标并令人担心的下属呢。所以获得自主和自由的良方就是把自己管好，让别人没有借口来管你。

这几年在跨国集团的训练之下，我已经很清楚外商的管理指标，发现只要我达到他们设定的目标，我就可以获得最大的管理自由。譬如每年的财务数字要达标，预算要精准，客户关系要维系好，人才的聘用和培养计划要持续进行，做到这些，老板们就没有什么好管你的了。这时候你就拥有了自己的人事权、盈余分配权和话语权，老板还会跟你一起商量事情。

职场的生存法则就是了解企业组织的游戏规则，在这游戏规则下尽力达到组织目标，这样我们就可以获得想要的资源和自主权。每个人都想要自由，每个人都不想被管，但是要自由和自主权的前提就是要让主管觉得"你做事，我放心"。因此我们要做好自我管理，要完成组织目标，自由不会白白属于你。

在职场上，自由是要自己赢来的，能力不够的人自然会被列为管理对象。有纪律性地完成该做的事，达成目标，不让人失望，这样才有可能不被管。

商业的游戏规则相对于政治的就要简单明了很多，我们要看清楚并找到自己的生存策略。要不就自己创造一个平台，用自己的理念去吸引想加入的人。

人生的自由，要自己创造。

忙可以，但请不要瞎忙

在商业世界，尤其是传播领域，我们一直都在学习如何将复杂的事情简单化，化繁为简。因为事情太多，时间又太少，所以要有优先级，要用有效率的方式工作。我们应学习如何在海量数据中找出最重要的主轴和议题，在客户的话语中找出最该关注的重点。

我一直以为在职场，大家都在朝这样的工作态度而努力，后来才发现组织内部还是有人喜欢把简单的事情复杂化，这令我十分不解，于是我开始研究为什么这群人会如此做事，这到底有什么好处呢？

后来我发现，这群人要么是抓不到重点，要么是装忙。抓不到重点我可以理解，但装忙我真有点诧异，原来如此便可以混时间，别人一时也发觉不到，还可以表现得自己能力很强，凸显自己存在的价值。这种人真的让我退避三舍，因为他肯定会拖累团队的进度。

遇到这样的同事，别人可能看不出来他在忙什么，但是主管会明察秋毫。倘若在推进项目时，同样的事情来来回回重复好几次还是在原地打转，那不但会影响工作绩效，还会拖累了团队进度。

现在的环境挑战越来越大，生活压力也随之递增，上班就已经够辛苦了，所以我们应该让自己变成有效率且有能力的人，凡事要看产出，而不是把自己变成像陀螺一样打转的人。这年头已经没有所谓的"没有功劳却有苦劳"的思维了，更何况把事情做好只是对得起这份薪水的基本要求而已，要让自己有价值，必须做超出你职务范围的事。

另外，必须小心一种客户，他们自己没想法，却要广告公司或公关公司先写企划案来看看，提交后来来回回改个几十遍也没定案，问他到底要什么也说不清楚，这种不知自己要什么的客户肯定也会浪费双方的时间，所以你必须要有能力将他往一个方向引导并请他做出决定，否则就不要接这种案子，耗下去同样会拖累团队。

倘若你发现自己每天忙了半天都没有产值，这时候可能就要好好地检视一下自己到底出了什么问题。是不知道方向，还是没有信心？把问题找出来跟主管讨论，或是改变一下自己的工作模式。忙不忙，绝对不是衡量对组织贡献多寡的标准，绩效最终还是得看产出。

忙可以，但请不要瞎忙。

换位子当然要换脑袋

常有人骂领导换了位子就换脑袋，但其实在职场上换位子确实要换脑袋，不能再用旧的思维来做现在新的事业，否则就有愧于公司将你升迁到更高的位置，你必须要用更高的角度、更新的思维来思考整个事情的面貌。就算不是升迁，只是调派到不同的部门或组织，也一样要换位思考，换脑袋学习新事物，让自己快速融入新环境，继续为组织做贡献。

有人问我做主管最应拥有什么特质？我一直认为是能海纳百川的胸襟。职级越高，胸襟开阔就越重要。专业的事下属大多可以学会，但胸襟是性格的弹性。能不能培养胸襟？当然可以。不断地打开自己，接受所有可能的人，这样才能被称为"有胸襟"。

胸襟大才能容人，并接纳意见跟你不同却很优秀的人。所以做主管就必须客观地看待周围的人，学会与他们沟通、协调，找到彼此的共识。

当你只是菜鸟的时候，你说的话可能没有几个人能听得进去，所以你必须要努力地工作，用实力来证明自己的能力。那个时候你可能仅仅是想如何把上级交代的任务尽快圆满地完成而已，但是若到了主管这个位置，你要思考的可不仅仅是个人的工作职责，更多的是要考虑如何在照顾团队的同时又能达成组织目标。

如果每个人在自己的岗位上都可以往上两级思考的话，就可以训练自己拥有更宽广的思维高度。譬如说在公司里面你现任总监，那你就可以把自己换位往上两级，假设自己是总经理，会如何想问题、会怎么下决策，渐渐地你就会拥有那个位置的思维高度和决策力。

上一级还不够，因为两者之间间距太短，往上两级思考正好能放宽自己的眼界，这样我们就不会拘泥于眼前的工作内容，而会用更宽广的角度包容不完美，在更清晰的视野下做出判断，那时我们的人生风景定会截然不同。所以，换位子当然要换脑袋，用比你位高两级的高度去思考事情，是培养胸襟的方式之一。

但也有到哪个位置都不能换的东西，那就是正确的价值观，譬如诚信、正直、谦虚……这是亘古不变的真理，你必须相信且珍惜，这可能是你遇到困境和诱惑时的救命丹，是你获得他人尊敬的关键。

换了位子，当然要换脑袋，但必须坚持正确的价值观。变与不变之间，要懂得分辨。

在祝福声中离开老东家

现在的网站资讯都教导年轻人如何面试、如何得到主考官的青睐、如何获得职场的入场券，却鲜少教导如何离职、如何在大家的祝福下离开老东家。其实这是一门重要的职场关系学，因此"好聚好散"的处理方式在离开公司时更显重要。

离职处理得好不好关系到下一个职场的机会，越来越多公司会对来应征的人员做职涯的参考确认 (reference check)。通常前职务的主管或人事部门都是咨询的对象，这些意见都会成为新公司聘用与否的重要依据，并列为记录。与老东家维持良好的关系非常重要，老东家的资源也可能为我们的职业生涯提供很大的助力。因此我们为什么不为自己的离职安排一场"快乐结局"，让现在的主管或公司成为我们的贵人呢？

但是据我观察，有些人可能无知，可能没经验，总是将离职的程序处理得很糟，导致与老东家的关系变成"相见不如怀念"，实在是很可惜。以下就是我经常看到的处理不佳的状况，应该避免。

第一种：**落慌而逃型**。通常这种人辞职原因有很多种，但因为不想表明，也知如何处理，就干脆来一个"落跑"，发一封邮件告知就算是离职信了，表明自己明天不再来公司工作。这种人让公司及主管们非常错愕，以后大概也会将其列为永不录用型。

第二种：**心不在焉型**。这种人平常表现还好，但是要离开前却对工作失去了热情，马马虎虎、急着想走的心态表露无疑，完全不顾公司交接的程序及离职期限。就算勉强留下来，不但贡献度有限，而且心不在焉，分散了团队的向心力，最后留给公司的印象不佳。

第三种：**鸵鸟型**。这种人多半是跳槽到竞争者公司，与公司的利益有冲突，不敢明讲，只好胡诌个理由说生病了或是出国念书。但终究纸包不住火，迟早还是会被发现，从此见面就分外尴尬。这样的员工只能说是鸵鸟心态，还算善良。但因不懂处理人际关系，形象上依然减分。

第四种：背叛型。这种人离职之后，或窃取老东家的知识产权，或挖角，或散播破坏老东家及前主管名誉的言论，或做出一些不利于老东家的行为。或许是前公司没有满足他们想要的利益，导致他们心态失衡，丧失职业伦理。这种人对企业危害最大，纵使能力再高也不能雇用，当列为危险或隔绝名单。

上述四种情况离职的人都是令老东家伤心的典型例子，但以第四种最为不道德，未来要再合作的可能性也没有了。有时候我看一些员工也没什么心眼，就是离职原因没有勇气面对，或是不懂得人情世故，造成了一些遗憾。这些遗憾使他们的职涯减少了很多"好缘分"的机会，实在是可惜。

妥当地离职是一种道德，也是一种伦理。只要进入企业就要按照公司的规章离职，说明原因，确保交接无误，感激公司的教诲与栽培。让公司有机会帮你办一场温馨的饯别会，让你在祝福与不舍中离去，这才是聪明的上班族。

当主管时，我会对那些表现良好，对公司做出过贡献，又坦荡离职，也给公司充分时间做准备的人，留一个门，欢迎他们再回来。我会对这些人说"早去早回"，不论他们未来会不会再回来，双方都维系着美好的印象，在人生的关系链上多了一个好缘分。

"好聚好散"，离开时双方心中都了无遗憾，真是在职场上应该好好学的一门功课。

寻找人生的关键词

《孙子兵法》中说，"知己知彼，百战不殆"。但其实知彼容易，知己最难。了解敌人只要透过观察、打听，甚至用现在的大数据分析，就能看出端倪，但自己永远是个谜，是个无底洞，一时不易看清。已发现的自己就像冰山的一角，并非全貌，未知的自己还有待被发现。能够早点认识自己优缺点的人，便能发挥所长，更容易成功。

人生太短，而我们的欲望又太多，为了控制我们的欲望，我们从年轻开始，就要有意识地认识自己的优点和缺点在哪里。不要笨笨地用自己的缺点去跟人家的优点比拼，那就是以卵击石，只会让自己遭受更多的挫折。尤其是在职场上，我们要从迷惘、彷徨中学习聚焦，淬炼出我们的专长，找出我们与他人不同的"差一点"，找出自己人生的关键词，让人们知道如何认识我们。因此观察力或自省能力越强的人，越能了解自己，越容易找到方向，减少在职业生涯中的无所适从。

有一次，我好奇地在谷歌上试着找寻自己的关键词，跳出了"公关""职场""女性创业"这些字眼。这些当然不足以代表全部的我，但是至少这是我曾经花时间累积的。有了这几个关键词的聚焦，我自然知道应该把时间花在哪里。这些累积的时间和努力会出现在这几个关键词上，跟着我一辈子。原来日积月累，时间的投入就变成了丰厚的资产，让我在茫茫人海中的定位日渐清晰，让人们很快找到了我。

人生的关键词或许不是一开始就可以形成的，不是你想要就会有。你必须愿意花时间，必须要在这几个字上面认真、聚焦，并且做出成绩，这几个关键词才会跟着你。

像我年轻的时候，因为是中文系毕业，心里想的关键词大多是"作家""文青"，但是老实说，我那时没什么人生历练，写出来的小说或是散文也只是少年不识愁滋味，强说愁而已，没有灵魂可言。专业不够，没有好的作品，纵使自己向往，"作家"

也始终成不了我人生的关键词。反而是后来在公关专业上的专注让我有了漂亮的成绩单，才成就了属于我的关键词。我想，最重要的还是要交出成果。

所以要让自己在专业上有辨识度，除了心里设想的愿景定位，还要扎扎实实地花时间在关键词上。积累实力，交出漂亮的成绩单，别人才会依循着这个关键词去搜寻你、关注你。

第三章

致即将登顶的你

你越过了山腰
搬开了石头
终于来到了山之巅
你俯视着山下的风光
微风轻拂在脸上
你有一种说不出的满足感和成就感

因为高处不胜寒
现在却有些孤单和危机感
专注努力地往上爬
这一路上你战兢兢

你必须要气定神闲
你必须要有王者风范
你必须要有领袖魅力
你有很多人仰望着你
你成了标竿

毕竟他们曾经为你披荆斩棘
请与你的团队共同分享
享受山顶风景的同时
你值得这一切

但是也是时候
随时要准备下山的路……

领导者不能是公司的"天花板"

最近跟一位创业者聊天，他跟我说了一个故事：他曾经在创业的中途，发现自己遇到了瓶颈，无法成长和突破，于是他鼓起勇气跑去应征一家他觉得可以引领他成长的企业的某一个职位。他很诚实地告诉主考官他的现况，说他想学新东西，主考官当然很讶异一位企业家竟然愿意放下自己的公司，回头当上班族。他解释说企业稳定的业务可以让团队接续，新的发展得靠自己的觉醒和学习。

当然，这家公司出于现实原因的考虑并没有雇用他，但对他保留了深刻及良好的印象，这也促成了双方后来的代理合作关系，两家公司变成了伙伴，这让这位创业者又多了一个新的发展方向。

我很了解这位创业者的感受，领导者最怕的就是自己不能成长，成为公司竞争力的瓶颈，而真正有创业家精神的人无时无刻不在寻求突破自我。

很多人问我当初为什么要把公司卖给奥美，其实那时我最怕的就是自己遇到瓶颈，找不到成长的动力，也拿不出新玩意教导员工，身为创业者的我成了公司发展的"天花板"。我很清楚自己再不成长，员工就无法成长，公司的规模也就只有如此而已。当时的我渴求导师能够教导我，让我脱胎换骨，奈何当时公司小、资源少，很难寻觅到合适的人才。所以当奥美集团找上我，要跟我谈并购的计划时，我陷入了漫长的思考。

我很清楚跨国集团所拥有的庞大资源，包括知识库、营销工具、教育培训的师资、全球案例以及财务法律支持等。这些都是可以让我自己和公司再度成长的养分，因此我决定通过并购的程序，加入跨国集团，取得这些资源，彻底改变公司的 DNA，用国际化的角度为客户创造更大价值，让自己和员工快速成长。

这个过程下来，我的视野与格局开阔了不少，公司组织结构也变化了不少，员工的成长与教育培训也有了规范化的资源，我的压力逐渐得到释放。所以我了解许多创业者在遇到瓶颈时的无助与困扰，知道很多创业者在得不到资源的状况下，仍然得靠自己的努力、突破才能找到新的动力。公司领导人永远要不断地追求成长，自我成长有多大，公司成长就有多大。

有的是让员工再进修，有的是派员工出国充电，有的是引进外来人才，有的是异业结合或是寻求并购，无论是用何种方法，就是要找到让企业得以生存下去并且与日增进的办法。这也是为什么我在离开企业之后，愿意担任新创团队导师的原因，因为我走过，知道创业者的难处。

领导者必须意识到自我的成长是公司竞争力的一环，要防止自己成为公司的"天花板"，唯有不断学习，开放心胸，引进资源与人才，让改变发生，为公司注入新活力，才能再攀高峰。

企业文化与理念，帮助留住对的人才

决定现代企业竞争力的最关键因素是人才，哪个企业拥有最优秀的人才，哪个企业就可以在其产业中胜出。也难怪我们常常听到这样的新闻：某大企业人才出走，急得老总跳脚，股票也跟着下跌。这个定律在以脑力创意为主的产业中尤其显著。

虽然说在企业经营中，产、销、人、发、财都很重要，但是这些事情都是要有人执行才会有结果，而人的素质会影响到最终产出，所以人才是最关键的因素。尤其是在这个讲究软实力的年代，服务产业和创意产业兴起，人才变成了企业赢得竞争力的决胜点。

聘雇优秀人才固然重要，但是如何留住人才才是企业最大的挑战。薪水福利这些看得见的有形利益固然吸引人，但是真正能够留住人才的，是好的企业文化和有魅力的主管。好的企业文化包括对的愿景、理念以及价值观等元素，能够认同这样价值观的人自然会加入，整个企业大家众志成城，一起往认同的目标前进。这样的公司自然会生机盎然，其成功也同时会反映在财务报表上。

好的主管虽可遇不可求，但通常好的企业文化中培养出来的主管也不会太差。他们绝对会依照企业文化需求，把多数的时间和资源放在培育人才上，把员工放在对的位置上，使其适得其所。给员工们舞台及镁光灯，教导他们，关怀他们，激励他们，授权他们，让他们发光发亮，员工们自然会找到自我价值和工作成就感，也就会自发地努力工作，使命必达。

这样会形成一个良性循环，企业对员工越好，员工就越卖力，也越快乐；有快乐的员工就会有快乐的客户，有快乐的客户就会让公司赚钱，最后真正获利的其实还是公司。

我很幸运待过的两家公司都是有好的企业文化以及企业理念的公司，因此无形中也让我的眼界和高度有了改变。在这样的企业工作，你会觉得受到重视，会清楚团队的目标以及自己为何而工作，因此动力十足。

我在创业的过程中，也渐渐认识到，留住人才的关键在于建立正向的企业文化，这样才能吸引到对的人才。只要优秀的人才够多，公司的业绩自然会提高，而不必一味地想花样拉抬业绩。我在内部创造了很多沟通与学习的平台，让员工们可以自发性地学习，相互分享，相互合作。

我要求部门主管每一季都一定要与员工进行深度对话，关心他们的成长以及学习，并写成报告。唯有如此诚心地去关心员工，他们才会体会到自己不是企业获利的工具，而是受到尊重，他们也会为待在有温度的企业而觉得骄傲。

现在的企业越来越重视员工的价值，也越来越愿意照顾员工的情绪，这是一个好现象。这表明这件事很重要，且真的能让企业获利。若能进一步塑造属于自己的企业文化，那么管理者将会在管理人才和留住人才方面事半功倍。

所以年轻人在找工作时，除了关心薪水、福利之外，还要重视一下公司对人才培育的理念，这在职业生涯学习成长的过程中比赚取高薪更有价值。

我的秘书贵人

我的秘书跟我一起工作了十多年，她的个性跟我非常不一样：我性急，她稳重；我马虎，她严谨；我杂乱无章，她井然有序；我心软，她坚定。她可以说是我个性的反面，补足了我工作上的不足。我有时在想，若是工作上没有她的话，我可能会灰头土脸，漏洞百出，无法做个优雅的自己。

很多当过老板的人都有体会，若是身旁有很能干的秘书或助理，自己很容易就会变成生活白痴，因为他们太会照顾老板，以至于老板只要专注于工作就好，其他非工作上的杂事都可以由他们代理。秘书不在时，老板便成了"废人"，不知如何处理生活上的琐事。所以我身旁有很多老板级的朋友都说，最怕的就是秘书请假，秘书只要一请假，他们就完全不知该如何工作，经常找不到档案、电话号码以及要联络的人，事情不知道该如何交代下去，索性他们也放假去了。但我们心底都明白，这是一种"耍赖"的幸福。

我自己最害怕的也就是这件事，当我决定离开职场时，最挣扎的一件事就是怕少了她，一切打回原形。还好公司十分礼遇我这个创办人，允许我有需要时可以继续请秘书支持，秘书也很愿意继续帮我忙，我才能再次享有"耍赖"的特权。

很多人以为贵人就应该是位高权重的人或在职场上拉你一把的人，但事实上，只要是愿意支持我们的人都是我们生命中的贵人。秘书可以说是老板的左右手，是老板的贵人，因此找一位正直、可靠的秘书对老板来说是一件很重要的事。秘书的为人处世也代表着老板的价值观与外界观感，有的老板排场很大，秘书就会狐假虎威；有的老板"天威"难测，秘书只好扮演起老板情绪的播报员。所以为了不为难秘书，做老板的要以身作则，始终如一；做秘书的也不需要"伴君如伴虎"，扭曲自己去配合老板。

我认为礼貌待人是秘书的基本素养，因为秘书的工作是要帮助老板维系好关系，称职的秘书要不卑不亢，不轻易显露老板的喜好给他人，不论这些人的职位高低。老板的秘书知道的事情最多，但要守口如瓶，不能当八卦来说。

最近我的秘书跟我说她觉得自己做事比较一板一眼，希望跟我学习柔软，我想了一下，觉得还是互补为好，若没有她的纪律，我可能会变得更糟糕，况且当一个人意识到自己的缺点时就是进步的开始。我决定继续"耍赖"！

跟比你优秀的人一起工作

奥美的创办人大卫·奥格威说过，"要聘雇比你更优秀的人，才会铸就伟大的公司"。也许你不是经营者或领导者，但是若能找机会与比你优秀的人一起工作，也是让你变得更优秀的一个方式。优秀的人应该是指那些为人正直、知识丰富、思维敏捷、办事效率高、有能力解决问题的人。

可是很多人以为，跟优秀的人一起工作一定很有压力，会显得自己愚蠢，倒不如跟一般的人一起工作比较轻松。问题是，轻松的状态并不能让你成长，困难的事情才会激发你的斗志和潜力。若工作目的是追求轻松，那又何必来工作？

跟优秀的人一起工作会将你拉到一个新的高度，让你遇见更铿锵有力的思考、更广阔的视野以及更厉害的策略，而普通的人无法给你这些。这就是为什么管理学上常说，要站在巨人的肩上看事情。

但有人忧心，优秀的人愿意跟普通人一起工作吗？团队需求及任务分配不同，必须要有不同领域与不同角色的人加入才能完成任务。真正优秀的人清楚这一点，而且愿意合作。因此当我们能力不足的时候就要赶快找机会与优秀的人共事，汲取养分，帮助自己成长。

必要时可以不计酬劳从他们身边的小助理做起，观察、学习。优秀的人会用聪明的方式做事，他们受不了没有效率的工作模式，所以他们会用创意的思维和速度引领我们达成目标。跟着他们一起工作，无形中会眼界大开、效率提升，潜力被激发出来。等到习惯之后，我们不知不觉也会变成这样工作的人，使我们晋升为有效率的一员。

这情形让我想起一些人小时候念书的经验。在班上考试一直名列前茅的人往往以为自己很厉害，直到参加全国性考试时才发现人外有人。不要因为自己看不到、没碰过，就认为别人跟我们一样。要真正地跟高手过过招，才会发现我们离优秀的距离有多远。

当年我的公司要与跨国集团并购的时候，我心里也有些坦荡不安。但是真正加入之后，我认为学到最多的就是与一流的高手合作，从策略、知识、开会、辩论的工作过程中，我被逼着不断地成长。虽然压力大，但是成长的愉悦胜过一切。

不要害怕别人超越我们，我们该害怕的是没有挤进优秀的人才名单中，更该害怕的是自己没有学习的能力。

不要每次都争着当老大

很多人当领导当久了，都会习惯性地展现出老大的姿态来照顾周围的员工或伙伴，有资源的人也会习惯性地当朋友们的老大，这样的人通常是慷慨的。一方面，他们有同理心，觉得自己理当照顾弱小或资源不足的人；另一方面，他们私下也能顺便享受被人簇拥的优越感。但另外一种人却相反，利用领导的身份，不顾周围人的感受，只会把自己变大，而把别人变小，这样的人当然无法得到下属的尊重。

从我有记忆以来，听到的都是"施比受有福"，这句话的确给我带来了很大的力量，让我在行有余力的时候愿意付出，并且享受自己是个施予者的角色，觉得自己是个有能力的人。直到有一次，一位朋友想请我吃顿饭，可我却抢着付了钱，这令她耿耿于怀。后来另一位朋友提醒我："有时候应该要学会接受。"我才恍然大悟，原来学会接受也是一种能力。

其实，当"给予的人"一点都不难，因为这是人之本性，"施予"容易让我们得到名声，还有自我成就感，彰显出我们高高在上的地位。收受的人若能怡然自得，不觉得委屈，不觉得矮人一截，也算是具备一种自信的修养，尤其是接受朋友间的关怀或帮助。

而人在越来越有钱或越来越有能力之后，为了彰显自己的气度与能力，往往争着当老大，时间久了就会理所当然地成为照顾者的角色。随着大家的簇拥，当事人也会越来越享受这种被需要的感觉，其实这也是另一种骄傲。

我有一位朋友，也算是女强人，但一场车祸让她成了接受者。她必须裹着石膏、钉着钢钉躺在床上，自己的吃喝拉撒也都需要别人的帮助。一开始她很抗拒，也很无助，不过到最后就很平常心地接受了大家的照顾，这等于给了自己和朋友一个相处的机会。我想借我朋友的例子，告诫大家，当我们是强者的时候，因为自尊和骄傲，不曾想过接受别人的给予或付出，但是学习示弱和接受的这个过程是个很重要的课题，它让我们身边的人有机会回馈和报答我们。

学习示弱，不高高在上，旁人才会觉得你是朋友、是家人、是与他平等的常人。想想我们跟小朋友说话的时候不也是要蹲下来吗？只有蹲到跟小孩一样的高度，我们才能体会到他的感受，听进他的话。

年纪渐长之后，我们不要老是手心向下，应当学着手心向上，让别人给予，学习顺从地当个接受者，高高兴兴地接受他人对我们的善意与付出。放下自己的骄傲和高度，才能得到被拥抱的机会。

思考者、表达者 or 执行者？

在工作中我发现有三种最常见的角色，就是思考者（thinker）、表达者（talker）和执行者（doer）。三者各有优缺点，能集两者为一身的人已经难能可贵，能集三者的更少见，所以才需要团队互补。团队倘若能聚集这三种人才，各司其职，又相互合作，想必一定能成为常胜军。

通常表达者最容易被看见，也最容易成为企业明星。因为他们擅于用语言沟通，表达力强，具有说服力和感染力，所以永远不会被埋没，很多业务人员都具有这项特点。但是若只是表达力强，欠缺思考度和执行力，最终会被认为只出一张嘴，言过于实。因此表达者要弥补这个缺陷，必须想办法组织一支强大的团队在背后支持，这样他开出去的支票才会兑现。我看到成功的企业家都是理念和执行力并行，理念得到实践才能使其名副其实。

领导者不见得是三者能力都强，甚至通常只具备一强，但这些不是重点。最棒的领导者是具有胸襟，能纳百川，知人善用，可以寻找到拥有这三方面技能的人才，组合成一支坚实的团队，各司其职，激励并带领团队朝既定的目标前进，坚不可摧。

记得在我职场生涯初期，我最喜欢和思考者与表达者工作，因为那个时候我还专注在执行面，他们往往可以给我很多的刺激和想法，帮助我打开眼界，有效率地完成任务。等到自己当了领导者，我喜欢依据情况和这三种不同的人合作，思考者可以验证或厘清我的想法是否可行，表达者可以将我的理念更快地传播给目标群众，执行者可以帮助我的构想有纪律地实践。三个角色没有谁比较重要，只看组织的需求以及是否能够互补合作。

曾经有人问我，如何在团队中让别人愿意跟我们合作，我想最重要的就是做好自己的角色。不论你是哪个角色，表现出你对团队的贡献，团队永远缺不了你。

当然，能够让自己集三者于一身就是强者，无求于人，但也可能会累死。所以聪明的主管会建构一个具备这三种能力的人的工作圈，大家相似度不要太高，免得都是说话的人，没人做事；或者都是做事的，没有人想策略方向或踩刹车。

倘若你塑造的企业文化可以让大家相互欣赏，又相互合作，这样你就拥有所向无敌的团队了。

解雇员工前，请先启动对话

以前曾经听过一位企业主前辈说，要做一个好的领导者就必须解雇过人。当时觉得这太残酷了，后来自己当了主管就有深深的体会。

如果主管让不适任或是破坏型的员工仍然留在组织里不做任何处理，那就是处罚那些表现优秀的人，久了之后大家就会有吃大锅饭的意识；要不就是劣币驱逐良币，优秀的人看不下去走了，留下来的就是打混的一群人，团队也就完了。

解雇员工对主管而言是一件在情感上很难处理的事情，尤其是对比较心软的主管来说，更是一个大的挑战。也不是每个主管都能执行得令人心服口服，若处理不好，有可能让对方怀恨在心，产生后患。

有些主管不敢说出下属该改进的地方，迂回地先说了一堆赞美的话，让当事人以为是要被奖赏，最后才请对方离开，因为反差太大让人觉得被耍了。另外有些主管单刀直入，一切依规行事，限期离开，给员工留下公司无情无义的印象。

我们先不讨论因并购或组织重整被资遣的案例，聚焦来讨论因表现不好而需要解雇的员工。这时若公司能有一个好的对话机制，让员工了解哪些地方没有符合期待，让他有机会限期改善，双方共同制订改善计划并互相协助，或许员工会重燃热情加倍努力。

倘若限期之后员工仍然没有改善，应再启动第二次对话，确认对方的能力和原因。通常在这种状况之下，员工大概也明白自己的不适任，对于公司的劝离或是资遣，会比较有心理准备。

倘若员工遇到这样的情况，最好有正向的心态，有时反而是让自己做出改变的契机。先检视一下自己的问题，是因为丧失热情，还是技能不足，需要公司什么帮助，这些都必须坦诚面对，并在期限内改进。如果发现自己真的不适合这份工作，不如尽早改变，转换跑道，为自己找到新的舞台。

公司启动不适任员工对话目的有三：第一，确认员工是否了解表现不如预期，有时候公司目标不明也会使员工无所适从；第二，了解原因，明确是个人因素还是其他因素，确定公司有没有资源可以帮助；第三，双方确定一个改进计划和期限，通常会以三个月为限。

唯有启动真诚对话，才能有好聚好散的结果，这也是身为主管必须学习的一课。

享受工作，成功会不期而至

一位读者写信问我，假如您的事业没有这么成功，您还会如此热爱自己的工作吗？我觉得这个问题有趣得很，所以想来探讨一下。

这个问题的反向意思是大部分人不爱工作，是因为他们看不到成功。这是一个很吊诡的问题，假设你非常热爱你的工作，却看不见成功，久了之后，这的确会折损你的热情，你甚至会怀疑是否应该继续坚持。但若你不热爱工作，成功的概率微乎其微。由此可见，热爱工作是成功之必要，但并非其必然结果。

所以问题就在于你还没看到成功之前该不该坚持下去。看不见成功不代表不会成功，可能是时机未到，也可能是方向错误。

方向错误可以改，时机未到可以等，但是若因此怀忧丧志，那你也就离成功越来越远了。很多人不是失败，而是差一点成功。

成功的人热爱工作并不是因为他们成功，而是因为他们享受工作，知道目标并且全力以赴。这是一种正向循环，当你越热爱自己的工作，你就越有热情、越专注、越投入，所以也就越有可能成功，然后你越成功，你就会更热爱自己的工作。

当找到自己的兴趣，投入所爱的工作，那你心里想的便不是成功，而是享受。因为享受，所以不以为苦，还能从中获得快乐，如此单纯的动机还能使你更加心无旁骛地专注于工作。倘若你侥幸成功了，那便是你努力后的回报，它激励着你继续坚定地往前走。

成功是给予努力过的人的一种奖励，而非目的。当你将成功变成目的，你就会有压力，无法享受工作。对于那些还在奋斗过程中的朋友，如果你还没有看到成功，那并不表示你成功无望，可能你们之间只有一步之遥。只要初心还在，那就值得再坚持下去。

每一个人都渴望成功，但你心里不能一直想着成功而患得患失，你必须要享受工作，想着那个想要去的方向，一步一步地迈进。在这个过程当中，你可能会犯错，你可能会遇到挫折，你可能会累到想放弃，你可能有堆积如山的事情亟待解决，但只要坚定自己的内心，朝那个目标不断前进，就能离成功越来越近。

我看到成功的企业家大多是热爱工作的，很少例外。设法爱你的选择，在你享受工作的当下，它回报给你的，就是成功。

如果你停止成长，你也停止活着

我是一个喜欢学习和成长的人，学习和成长一直是我生命中的重心。我觉得人生应该不断地追求自我成长，挖掘自己的潜力，尝试各种可能性，才能活得精彩。正因为如此，我特别喜欢跟那些充满热情、不断成长的人相处。

跟这样的人在一起时，我特别享受，因为在与他们的谈话中时常可以迸出火花，或讨论、或辩论，绝无冷场，我自己也觉得收获良多。跟他们在一起绝对不会无聊，因为他们也不允许自己成为无趣的人，所以他们的生活充满了惊喜和快乐。我们每次碰面都有很多的话题可以讨论，有很多的事情可以分享，不论知识或是见识都更上一层楼，因此基本上跟这些人在一起就是一种学习。

我身边不乏这样活得精彩的女人，她们乐在工作，也尽情生活。有的结婚有小孩，一样把工作、家庭经营得幸福美满。有的单身，追求工作成就的同时，也注重休闲生活，懂得时间管理和平衡，活出了自己想要的人生。每次与她们聊完天，我都感觉好像欣赏了一部精彩绝伦的话剧或是电影，不论知识上或是心灵上都得到了极大的满足。

　　有时候我们会一起去上课，听演讲，欣赏一部好电影，看演唱会，或是旅游。这样的人有独立生活的能力，也有与人一起分享快乐和忧伤的能力，可以大家聚在一起畅快淋漓，也可以一个人独处，这种朋友间的相处没有任何负担。喜欢学习的人总是对新鲜事物充满好奇心，他们精力充沛，生活中不乏一些新鲜事，人生也充满了惊喜。

　　这样的朋友多么难得，她不依附在你身上，各自独立，又可一起分享，在人生的道路上相互支持、相互砥砺、相互成长。总之，大家心灵的距离不近也不太远，就算很久不见，也熟悉依旧。

　　我最害怕交的朋友就是那种停止学习和成长的人。他们固守现况不想改变，也不学习新事物，对旧有的思维紧抓不放，坚信自己才是对的。随着年纪的增长，他们越来越固执，每次跟他们相聚，谈的话题总是差不多，要么是八卦，要么是在认识的人身上打转，让你如坐针毡，徒增尴尬。

或许不是每个人都想学习成长，因为成长总是有压力的，但是那些不学习、不成长的人总是停滞不前，倘若个性随和，倒也还能相处愉快，就怕固执己见，大家还得配合他。一个人若是乐在学习，那他的生活将永远充满惊喜、充满精彩。

钱和梦想，一个都不能少

一位读者写信给我，说他心里有其他更感兴趣的事想做，但是现在的工作薪水不错，问我该如何才能踏出勇敢的一步去追梦。

这的确是个两难的问题，虽然我大可以说顺着你心里的声音，勇敢地去追梦，但是毕竟每个人的背景和经济实力不同，我不能这么不负责任地随意回答，还是得先评估一下当事人的实际状况，因为追梦是要付出代价的，答案不能过于简单。

假如你是刚出社会不到三年的新鲜人，我当然鼓励你勇敢地去追梦，因为年轻就是本钱，在年轻的时候追梦，损失以及对生活的影响相对较小。可是若你已经工作了一段时间，有些基础了，或结了婚有了小孩，工作本身也没什么不好，那么辞掉工作所要付出的代价就相对较高，加上追梦过程可能会带给家人很大的压力，那么出于现实考虑真的要三思。

想辞掉工作却又舍不得手上稳定的薪水，这是很多人犹豫不决的原因。虽然我一直认为让工作及人生停滞在"食之无味，弃之可惜"的状态是一种最浪费生命的表现，但是追梦是要付出代价的，在追梦前还是要考虑自己的能力及将来可能要承担的风险。

但我的意思并不是要你放弃梦想，而是给自己一个准备期，譬如说准备至少半年的薪水来当追梦的援助资金，这些存款可以在你半年无收入的情况下保障你的生计和心情。

如果你的梦想是创业，而且需要资金投入的话，除了前面所说的援助资金之外，还得再加上创业基金，这样你才会从容不迫。

创业投资的钱本来就不可能在短期内回收，若是失败，更可能全数归零，援助资金至少可以让你在六个月内专注勇敢地去追梦，不会给家庭带来太大的压力，这是对家庭负责的表现。所以追梦绝对要有计划，它不只是个浪漫的想法。

我记得自己年轻时要出来创业之前，也面临过同样的状况。

那时我已工作十年，很稳定，薪水也很高，所以我舍不得放弃，可是心里又有梦，衡量之下依然很难做出决定，但我给自己定了一个目标——扣掉创业成本，再存足六个月的薪水才能开始行动。那时候我心里想，六个月的时间足以让我知道该不该继续走下去，如果失败，我会心甘情愿地重新当个上班族。对于梦想，我至少出发过，努力过，心里不会有遗憾。设好停损点之后，就比较容易做决定了。

有时候人生要有"置之死地而后生"的勇气，但有时候也要有"三思而后行"的沉稳，这中间的智慧就是你能分辨自己处于什么样的阶段，可以承受的风险有多大。基本上我还是鼓励人们去追梦的，但最重要的是你愿不愿意为你的梦想付出代价，而这个代价是你要事先想清楚、准备好的。

如果都想好了，准备好了，决定一搏，那就行动吧！

创业维艰，如何先过"人情关"

演讲时，最后的提问是最精彩的部分，通常这个时间也是我观察现在的年轻人到底有什么苦闷的时候。有次论坛后，一对姐妹花怯生生跑过来问我：

姐姐："老师，我们两个现在刚创业，开了一家餐厅。"

我："很棒啊！"

妹妹："可是我们有一个苦恼，就是朋友常来用餐……"

我："喔，他们不付钱吗？"

妹妹："不是，他们付，我们也打折了，也送东西了，可是朋友还是经常抱怨，说我们送的不够多。我们很苦恼，不知怎么办？"

我："是开玩笑的吧？"

妹妹："不，朋友很认真地讲了好几次。"

我笑了出来："是朋友就不会这样。"

姐姐一脸疑惑："可是他们算是我们不错的朋友。"

我再说一次："是朋友就不会这样。"

此时两人神情有些震撼："是喔，我们从来没有这样想过……"

我："是啊，你们两位才刚创业，朋友来捧场是该感激，可是朋友要求送东送西的，只站在自己的角度，从没考虑到你们才刚创业，还没站稳脚跟，是不是有赚到钱。真的朋友不会这样对你们。"

很多人开餐厅，光请朋友就花了不少钱，朋友来了要招呼、要打折，还要送礼物。次数多了，朋友变成了负担。中国人喜欢讲人情，但情不能逾理，否则就失了礼，为难了朋友。所以朋友做生意要不要给人情是他的权利，你没有权利理所当然地要求。况且人情也要找机会还，礼尚往来关系才能持久。

我们要期许自己要做一个"有情人"，对朋友更应该如此。帮助朋友要不求回报，真心地祝福朋友，不强人所难，站在对方的立场想，才不会给朋友压力。能做朋友已是缘分，大家没有负担、没有压力，才能轻松自在、长长久久。

我相信这对姐妹花也对她们的朋友做了善意的回馈，量力而为了，只是这些朋友不领情，觉得还不够。显然这些朋友只在意自己的"获得"，不在意朋友的情分。我认为这样的朋友不是真的朋友，所以也不必太在意。

我建议这对姐妹订个规矩，发个信息让朋友知道："欢迎大家光临，凡是朋友捧场一律九折，草创阶段尚在打拼，招待不周之处请多见谅。"这样清楚明了，既让朋友有特别折扣，又暗示了创业的艰难。

是朋友，会来捧场，也会一心一意希望你更好。

行动！行动！行动！

一位锲而不舍的大陆年轻创业女孩，通过微信联系上了我，她邀我到厦门做了一场演讲，而她的团队所表现出来的热情与积极也令我刮目相看。这位女孩教了我一堂课——梦想清单与行动力，这再次验证了梦想因行动而伟大，而非行动因梦想而伟大。

她在为我开场做致词的时候，告诉大家行动力的重要性。她说想与我接触源自她看了我的一本书而有所触动，所以将我列入她梦想清单的老师群，希望有一天可以邀我到她的城市做演讲，分享我的生命故事给更多年轻人。于是她开始尝试接触我，经过了半年的努力，终于梦想成真。她鼓励在场的所有人一定要相信自己，化梦想为行动，要设立目标，不要惧怕失败，有行动就有

3

致即将登顶的你

改变。

其实这跟我倡导的观念不谋而合，一开始她通过微信为我打气，引起了我的注意，她也通过出版社向我表达邀请演讲之意，由于她的留言谦恭有礼且适当得体，于是我在一趟出差的行程中便决定多在厦门待一天。

六度分格理论曾提到，只要通过六个以内的人就可以联系到这世界上的任何人。而在如今的网络时代，她只是通过微信和出版社这两层关系就实现了梦想列表中的一项任务。原来现实和想象的差距真的没有那么大，只要通过行动，纵使是陌生人，也能快速联系上。

她的感染力也令我惊讶，不仅她所带领的团队充满了这样的气息，连同来参加的听众也被感染了。在我抵达厦门后，原定下午2:00的演讲提前到了1:50，那时全场500名听众皆已到场就座，有的甚至跨了几座城市，花了数小时乘车而来。当时她问我可否提早十分钟开始，我讶异于全场的秩序与纪律，所有听众专心聆听与发问的踊跃程度是我历经的场次中最为热烈的。

事后我问她是如何做到的，她说会来参加此次论坛的人都是认同他们行动派理念的人，大家有共同的梦想与追求以及改变自己的决心，她经由读书会和分享会凝聚粉丝的向心力。事实证明，因为理念而在一起的人，较有纪律，关系也较为长久。

活动前，她一方面提醒大家要准时，另一方面公布了其他城市举办活动的开场时间，这一举动激起了厦门参与者的荣誉感，他们不想落后。同时他们开放报名论坛也有时间限制，时间一到便截止，使得报名的人非常珍惜机会。论坛现场，秩序井然，接待者也都是志愿者，这股力量真的让我感动，也证实了社群时代已经来临。在网络世界中，我们可以仅用一种理念就号召粉丝，也可以仅用一种价值观来号召粉丝，可见理念和价值观在社群运营中的重要性。

这个年轻女孩的梦想与行动力感染了我，她的梦想清单也在持续增加与完成中。再过十年，我相信她的影响力将不可小觑。

压力太大？去享受无目的的学习吧

学生时代，大概除了要考试这一点讨人厌之外，其实学习本身是一件非常快乐的事，尤其是学习自己喜欢的学科知识。因此很多人毕了业难免会开始想念在校时的学习时光，这种体会大概也只有出了学校、忙得天昏地暗的职场人才能体会吧。

进了职场后，也不是没有上课的机会，只是每次学习都是有目的性的，譬如学计算机、语言、产业知识等。到资深一点后，就开始学管理、统筹、沟通等这些进阶的技巧。人生无处不学习，虽然学习是一件好事，但是因其有了目的性，因此就多了一份责任和压力，那份享受的心也就杳无踪迹了。

要想真正地享受学习，就必须有动力，有感兴趣的项目。越是忙碌，越是压力大，越是需要暂时的抽离，不能把全部的心思放在工作上，要试着去学一样自己感兴趣的才艺，全然的、不带任何目的的兴趣反而能够释放压力，转移焦虑。

人不能太功利主义，如果事事都想要有好的结果才去做，往往事与愿违。倒不如放下目的，去上一个自己喜欢的课程，在这样一段单纯为自己而设计的学习中，才能有意想不到的收获。我在工作最忙碌、压力最大的时候，开始学油画，在油画课程中，我专注地投入画画，享受想象力和创造力的奔驰，那是我最放松、最没有压力的时刻了。

《乔布斯传》中有这样一段叙述：乔布斯曾学过书法，一开始他没想过学习书法会怎样，后来他在设计 Mac 计算机时，脑海中就浮现出了当初学书法时学过的优美文字字型，而这个美感体验就被放进 Mac 计算机的排版功能了。乔布斯针对此事说过："我从未期待过这些东西能在我的人生中发挥任何实际作用，然而十年后，当我们在设计第一台 Mac 计算机时，这一切突然重新浮现在我的脑海中。"

我回想起，我年轻的时候喜爱写新诗，当时也没想过要做什么，只是纯粹地抒发情感。后来才慢慢发现，这个习惯对于我后来写歌、写文章、写广告文案帮助很大。当初若没这个练习，或许我现在不会那么享受写作。现在我还是持续一年学一样新事物，学习不仅丰富了我的人生，还开阔了我的视野，让我更喜爱自己，也为迈向更好的自己而努力。

不要以为忙碌就没有时间重拾自己的兴趣，越是忙碌才越要抽空学习，这样你才不会觉得生活中只有工作。除了工作，我们还可以享受学习的乐趣，感受快乐和平衡。有时睡觉或玩手机还不如没有目的性的学习，让我们更放松、更快乐。人生不需要任何事都先去预想回报，学习本身就是一件快乐的事。因为在那个当下，我们在做自己，在做自己喜欢的事，我们会暂时忘掉工作的烦恼。等我们获得学习的快乐之后，我们会更有能量去面对工作上的困难。

我释放压力的方法就是去学习一样自己喜欢的事物，享受当下，增加快乐因子以对抗烦恼因子。

第四章

除了工作，
你还要懂得人生哲学

无论上山或下山

除了体力和智力之外

信心、视野、耐力、经验、

做人处事都在考验着你

这一路走来不是只有攻顶最

重要

坚定步伐，知道自己要到哪

里最重要

或许不用在意别人走多快

该在意的是自己能走多远！

诚实是最有力的武器

我记得刚出来创业时非常需要客户，好不容易经友人介绍可以与一位知名的外商公司亚太区总裁在饭店碰面，希望能够争取到这位难得的客户。

跟这位外国总裁见了面，他问完我公司及个人工作背景之后，就接着问："你有没有做过什么成功的案例？"我心想，虽然没有胜算，但是也不能说谎，于是就很诚实地告诉对方："我才刚出来创业，所以还没有长期签约客户，只有零星的小项目。如果您愿意给我机会的话，您将是我的第一位长期签约客户，我将会用我所有的工作经验和全部的热情来服务您，贵公司的成功就是我的成功，因为贵公司将是我最重要的创业成绩单。"没想到，我这一番诚实的表述给我带来了第一张长期签约的订单。

后来在职场，很多时候我都发现，就算自己拿到一手烂牌，还是要用最诚实、最诚恳的方式，用真心来打动客户，这样或许还有峰回路转的机会。切记，千万不能为了争取订单而夸大其词或是虚张声势来赢得客户，因为最终如果不能提供所承诺的内容，谎言就会不攻自破。

有一位年轻人问我："对于刚毕业，没有任何工作经验，或是想转行却没有相关经验的人来说，要如何在面试时取得先机，凸显自己的特色？"当然，事前准备相关产业的知识是必要的，但面试时若能以"虽然我刚毕业，没有相关的工作经验，但是我愿意以我的态度来证明你录取我是对的"来争取机会的话，我相信录取的概率会大大提高。当然，录取之后真的要证明你愿意学习跟成长，让别人刮目相看，否则你前面所讲的话就等于讲大话了。

人生总会有第一次，第一次最难，在没有人愿意给你机会的时候，你无法用实力和成绩单来证明自己，这时就必须要用态度来打动对方，因为还是有很多的企业主愿意给年轻人（尤其是有潜力、有责任心的年轻人）一个机会。

承认自己的缺点，诚恳、真实的态度加上热情的响应，有时候反而是最单纯、最有力的武器。

越忙越要接触文艺与音乐

　　有人问我年轻的时候是民歌手，为什么后来却没当歌手呢？说实在的，我当时深受旧思想影响，总认为当歌手不务正业，那时候的大学生大多会选择出国，到政府机关、学界或是商界发展，因此我从未将唱歌当成职业来考虑，故而从未想过朝那个方向发展。

　　出社会之后，我认为努力赚钱才是正道，凡是与工作无关的事情，我都会放到最后考虑。虽然我在学生时代也是文青，但心中总是有一种小小的自卑，觉得学文科的比不上工科或商科，因此在职场上就刻意地不接触文学、音乐及艺术，将自己完全沉浸在职场中，奋力地学习自己不足的商业技能。那时我当然不知道自己变得有多无趣，多缺乏人文素养。

在一次演讲后与来宾的交流中，一位中年男子跟我说："您曾经救过我。"我非常惊讶，于是再追问，他便缓缓地道出他年轻时的往事。原来他大学毕业之后到金门去当了两年兵，在那个年代，交通并没这么方便，所以一年半载回台湾一次是很正常的。那时候很多男人怕到金门当兵，其中一个隐性原因就是怕"兵变"——女朋友变心。

偏偏这位仁兄就是遇到了这样的事情，更惨的是他的女朋友还跟他最要好的朋友成了恋人。这对他而言是不可承受之痛，尤其是在那个封闭的年代，他所有的苦都无处倾诉，所有的怨都积在心中，于是他酝酿了一个复仇计划。

他决定携械逃亡，计划将第一颗子弹送给他最要好的朋友，第二颗则送给他劈腿的女友，最后一颗留给自己。就在万事俱备的时候，某一天在睡前的营区广播中，电台播出了我写的那首歌《给你呆呆》，他听着听着就泪流满面。我不知是歌词的哪些话触动了他，总之他哭了一夜后便决定放弃复仇计划。

我听完这个故事后全身起了鸡皮疙瘩，感到非常震撼，他颠覆了我对音乐的看法，我太轻忽文学、音乐和艺术的力量了。那时我真真实实地感受到了这些才是最有影响力的，它们可以净化人心。我以前一直以为音乐、艺术只是娱乐大众罢了，经营企业才能助人，于是便弃文从商，然而这几年我才体会到，文学、艺术以及不经意的一首歌却有大用处。

原来我被迂腐的旧思想害了那么久，竟然放弃了我原来喜爱的文学、音乐和艺术，而去追求所谓"正途"的商业。当我被当头棒喝之后，我又重新回到了我喜爱的文学艺术领域，开始阅读以前我认为没营养的小说和散文，开始学习油画、书法以及世俗眼光觉得没有用的东西，我开始觉得开心快乐起来。奇妙的是，我发现工作没那么沉重了，而这些"没用"的娱乐平衡了我那烦躁的工作，让我觉得生活不只有工作，它可以更丰富。我可以更有效率地完成工作以换取更多的时间去寻找乐趣，充实自己。

我们需要这种温柔的力量，它可以在我们无助的时候拉我们一把。它无意间带给我们的触动是来自心灵深处的，借着泪水的洗涤，我们可以看见力量。所以，我们不要再让旧思想毒害自己或我们的下一代，让年轻人无压力地去从事艺术、音乐、创意和文化的创作吧！鼓励并支持他们！这些软实力才是人类真正的底蕴。

　　思想影响着我们的行为，而我们却总是陷于旧观念的桎梏中不自知。在往后的日子里，我要不断地打开自己，接受所有的可能性，通过文学、音乐和艺术看见真、善、美。

别让借口变成人生的阻碍

对于自己不想做的事，人总是喜欢找借口。因为借口可以让自己不用太自责，借口可以让自己舒服一点，借口可以骗自己说"不是你不行，只是你不想"。另外，对于自己做错的事，也总是喜欢用借口让自己相信错在别人。

有人明明健康出了问题，需要减重，还以"人生苦短，享乐当下"为借口，其实只是控制不了对食物的欲望罢了。有人明明和对象的感情变淡，却还借口只是在一起太久，事实上两人已渐行渐远。

借口的用处有两种：一种是让自己舒服，另一种是让自己不用面对现实。横竖都是宠自己，所以人们就会经常使用。如果纯粹只是想建立自信，或是让自己从困境或谷底快速爬出来，让自己不要沉溺于悲伤或自责当中，那么找一点借口安慰一下自己也不失为一种疗伤的方式。但事情一过必须得快快爬起来，否则找借口一旦成为习惯就麻烦了，它会让我们像鸵鸟一样埋在沙堆中不抬头面对现实，会变成妨碍我们成长的绊脚石。

借口让我们永远在原地打转，走不出自己的人生。借口让我们总是自欺欺人，躲在现实后面不愿面对。有的时候是我们不想放借口走，因为它让我们有所依赖，让我们找到了自怜的机会。借口确实能让我们喘口气，但是它也让我们停滞，失去前进的勇气。如果我们不把这个绊脚石搬开，我们就只能停留在那里，自己拥抱自己。

我曾经有一位员工，客户服务做得不好，但他老是怪客户问题太多，起初主管帮他换了几个不同的客户，但最后他还是在抱怨。久了之后大家都知道他在找借口，也渐渐地对他的能力产生了质疑，最后他因压力太大不得不离开。

我在大学时代时，因为近视看不清黑板，但我从来不承认自己近视，也不想去看医生，总是以老师的字写得不清楚来欺骗自己，所以就理所当然地坐到最后一排打混，不认真听课。这种鸵鸟心态让我错过了很多精彩的课程，以至于到了职场之后才发现自己学识太浅薄，只能花更多的时间来弥补知识上的不足。借口可以让我们躲掉一时的压力，但却解决不了问题，同样的问题会换另一种形式再找上我们。

找借口很容易，怪罪别人也很容易，但激励自己往前走不容易，迎接挑战更不容易。如果我们老是选择容易的事情做，就很容易形成一种逃避的习惯，"卢瑟"（loser，失败者）大多具有这样的思维。为赢得更好的人生，还是得尝试抛开借口，认真面对自己的不足，这样才会培养出解决问题的能力。

过去的一切终将成就未来的你

我经常去发廊洗头，一位洗头助理很久没见，我看到她就问她去了哪里。她说她离开这家发廊好多年了，她 18 岁开始洗头，洗了两年后觉得很辛苦，于是跑去卖衣服，不久又跑去餐厅当服务员，辗转换了好几个工作，一晃七年过去了，最终还是一事无成。她觉得有一技之长才是最重要的，现在她又回来洗头，很后悔浪费了那七年的岁月。

于是我问她，现在回来跟七年前一样洗头，有什么不一样的感觉？她说，现在心比较安定，比较不会胡思乱想。我问她为什么，她说可能是以前太年轻了，只想玩乐，不想辛苦工作。现在知道能拥有一技之长才是最重要的资产，所以愿意重新学习。

她问我："现在都已经25岁了，会不会太晚？希望再努力几年，有朝一日可以当发型师。"我笑着说："只要找到方向，愿意前进，什么时候都不嫌晚。何况才25岁，青春无敌啊！"

我很为她高兴，我跟她说，那七年绝对没有白费，凡是走过的路必会留下痕迹，走过了，经历了，学会了，长大了，成熟了，就是一种成长。虽然我们表面上看不到功成名就的迹象，以为自己浪费了青春，但是心路历程的改变，愿意坚定地往目标的道路上努力，就叫成熟。

心态改变了，后面的道路就顺了，心定了，就清楚方向了，知道自己为什么奋战，一步一脚印地去迎向那个愿景，距离也就不远了。她听了很受鼓舞，我渐渐可以想象她未来成为发型师的模样了。

她看到原本同期的同事在岗位上奋战了几年，现在早已是助理发型师的职位，难免觉得自己虚度了光阴，觉得自己赶不上别人，那七年都浪费了。但是人生就像马拉松赛跑，有的人前面跑得快，却后继乏力，有的人前面慢慢跑，后面却开始冲刺。快慢不是问题，每个人都要找到自己的步伐和节奏，调适到自己最舒服的状态，心无旁骛，才能往前迈进。

做抉择最怕的就是犹豫不定，不知自己要什么，选择了 A 又觉得 B 也不错。到最后不管你是选择了 A 还是 B，都会后悔，因为你从不考虑自己为什么要、适不适合自己。

不知道自己要什么，才是真正的蹉跎岁月。这位助理一开始或许因为年轻，不知道自己想要什么，所以尝试了许多工作。但是这一趟"流浪之旅"下来，她清楚了自己要什么，愿意重头开始，这才是最难能可贵的心态，才是成长的开始。

安定一颗浮躁的心，才能勇往直前。过去的足迹固然重要，但更重要的是在人生的旅途上继续向前。

培养自己自愈的能力

伤心、挫折、难过、悲伤这些情绪即使是负面的，也是我们人性的一环。在我们人生的旅程中难免会面临这些关口，只是有时候我们希望这些时刻快快过去，也期待自己在面临这些关口时，旁边有人扶持、安慰，这样我们才会觉得好过些。

但是偏偏有些时刻，孤独和悲伤总是无预警地接踵而来，若旁边没有适当的人可供发泄，我们只得自己面对。也许是因为我们并不想让旁人看到自己落寞的样子，才学着自我疗愈；或是因为只有自己一个人面对，才不得不自己舔伤口，体会它的痛楚。

你们还记得自己第一次失恋的情形吗？那时候心如刀割，痛不欲生，可是后来还不是活得好好的，甚至比以前更好？舔伤口的过程也是成长的过程，随着时间一天天过去，我们开始接受事实，不想原地踏步，想启动新生活，于是我们试着忍住心里的痛往前走。时间是愈合伤口的最佳良药，一段时间后，我们就能清楚地感觉到自己体会不到那种痛楚了。原来最好的治愈方式就是让自己活得更好，或许后来回想起来还觉得自己当初怎么那么幼稚。

在外游学、求学或工作的人最能够体会这种滋味。有时候寂寞上了心头，又遇上一些不如意的事，无人可诉说，想起往事备感难过，只好自己默默地品尝伤痛。这种滋味我体会过，万般无奈，还是得自己走过。

有一次我到国外出差，公事谈判失利，又遇上了陌生城市的滂沱大雨，不禁恍了神，崴了脚，丢了包，一下子孤单与悲伤同时涌上心头。但无人帮忙，无人诉苦，只好全身湿漉漉地拦下一辆出租车回旅店。半夜面对陌生的场景，也不免怀疑奋斗与坚持的意义。像这样无助的时刻，经常在工作中悄然发生。

有时候我们没有时间去疗伤，旁边也没有人帮我们，但是又得马上上战场，这时候就要靠自己舔伤口，自我包扎，自我安慰，自我鼓励。越是这种时候，就越要有苦中做乐的幽默，这样才能帮助我们看到希望，快快走出伤痛。那晚崴了脚后，我哭着安慰自己还好住了一家不错的旅店。冲完热水澡，边听音乐，边用冰块敷脚，苦中作乐，想着明天又是新的一天。

当自己具备这样的能力时，就代表我们已经成熟了。当再遭遇挫折时，我们就懂得自我疗伤，不怕失败，不怕未知，诚实地面对自己，知道自己终将走过谷底，并且开始懂得静静地沉淀，让时间缓缓地流过，让痛觉走过，让伤心走过，让眼泪走过，然后等待心底的那一道曙光。而那一道曙光，将引领着我们勇敢向前。

无须在意别人走多快，只要知道自己走多远

我们本来自己活得好好的，却经常因为别人的存在而自乱阵脚。这可能是因为我们太在意对方，抑或我们太容易被影响，反而自我设限。

有一群朋友去参加路跑，在跑步的过程中，有个年轻的女孩特别在意另一群人的速度，拼命想要超越他们，所以跑得很用力，又频频观察对方。结果自己乱了节奏，跑到半路，脚底就起了大水泡，不得不停止跑步。

反观一对姐妹花，轻轻松松地来参加活动，没有压力地享受着跑步的乐趣，她们跟随自己的呼吸、节奏稳定地跑着，毫不理会别人，跑完全程后两个人开心地抱在一起欢呼。在这群朋友中，

这对姐妹是最没有经验的，但因为没有杂念，保持自己的节奏，反而跑完了全程。

另一个让我印象深刻的就是我开车的经历，有一次我开车遇到一家商店在街上举办开幕活动，请了好几位模特儿在门口剪彩。由于我的好奇心，我拉开窗户往外看凑热闹，结果一分心便撞上了前面的车，后面的车也撞了上来，就这样发生了连环车祸，好几辆车主都跟我一样，因为好奇心而成了交通事故的主角。

这两个故事告诉我们，若我们注意力不聚中，就容易受到外界的影响，从而出现各种问题。由此可见，观想内在的自己，聚焦正在进行的事，是多么重要！尤其是在这个纷扰的世界中，能够不疾不徐，保持自己的节奏，步伐稳定地往前走，是多么难能可贵的一种精神。

我们不免因为外在的纷扰或是别人的干扰而影响了我们自己的步调，专注就变成了一件难事，但是就因为它难，所以那些能够做到的人便能超越别人达成目标。当我们专注于自己想做的事情，心无旁骛且乐在其中，反而会产生一股极大的力量，那股力量会推动我们朝着目标快速前进。

花花世界不见得适合我们，如果你没兴趣就不必去凑热闹。他们的呼喊、快乐都是属于他们的，你在旁边只要欣赏就好，不必受其影响，也不一定要参与，你只需专注于你想去的地方。在专注的过程中，你可能会寂寞，但是当你完成目标，抵达终点的时候，他们或许还在路上嬉闹着。

如果那些花花世界的吸引力远超过你的目标的吸引力，那你要么就加入他们，要么就将你的计划延期。

调整呼吸，朝着既定的路程前进，享受你正在做的事情。有人同行相伴固然很好，没人做伴也不错，沿路的风景会陪伴我们一路向前。

放下之前，先学会拥有

以前我常为一种情形所困，同样的观点在这种情况下行得通，但换到另外一种情行则行不通。后来我才慢慢体会到，人生在不同的阶段就应该要有不同的思维，而非保持一种观点走天下。保持思维活跃，活用不同的观点，或许才能为人生找出答案。譬如"拥有"与"放下"，我们必须要在人生不同的阶段有所经历，才会有所领悟。

像我这样走到人生下半场的人，或多或少已经完成了教养子女的责任，也明白外在名利的追求是永无止境的。此时若想拥有快乐，就需要学会放下——放下名利、财富，放下执着，放下外在物质的追求。这样自省并追求精神层次的丰富，更能令我快乐安定。可在我年轻的时候却不会这样想，在我一无所有的时候，我怎么知道要放下什么？

由于经历过这个阶段，所以我知道年轻人若不曾追求自己的梦想，就开始学习如何放下，可能只会觉得迷茫。从"拥有"到"放下"应该是一个学习的过程，毕竟我们常人要慢慢悟道。

对于年轻人，我建议他们在学习如何放下之前，先学会拥有。心有梦想，就应该去追求，不管追求的是成功还是财富，抑或是权力，通过努力正当地去追求吧！唯有通过追求才会激发潜能去努力，努力之后若是失败，至少会有所体悟，锻炼出新的能力；若是成功，则会加倍珍惜，然后再来学习如何放下，方能真正感觉放下的分量。

年纪太轻就不要先学习如何放下，因为人生缺乏经历的话，可能会误解放下的真谛。年轻人总以为"放下"就是丢掉人生的"不要"，因此一旦遇到挫折，很容易就选择放弃，譬如放弃工作、责任、压力。所谓的"放下"为年轻人提供了一个很好的借口与出口，他们可以一不爽就离职，一辛苦就放弃学业。他们觉得人生苦短，应以享乐为重，及时放下，不必为五斗米折腰。虽然这些话讲得振振有词，其态度实则是一种逃避，而不是真正的放下。

因此，在学会放下之前，应先学会拥有。若不曾拥有，如何知道拥有的美好，若不曾品尝努力后得来的果实，又怎会知道何谓"放下"。放下需要一个过程，只有体验过人间的冷暖，浪里来回过，才懂真正的放下。

"拥有"并不低俗，学会拥有是一种成长、一种真实的体验。拥有，让我们感觉到充实与实在，也是一种"完成"的过程。拥有工作、学业、财富、功名、婚姻、儿女，这些都是我们在人生的不同阶段经过选择后可能会经历的旅程与试炼，越是承受过这些历练，人生就越扎实，这时候再来谈"放下"，可能更铿锵有力。

我欣赏巴菲特（Warren E. Buffett）的金钱观，他一只手拥有，一只手马上放下。在成为富豪之后，他依然住在自己的老房子里，开着旧房车，过着自己原来的日子，没有因为金钱的多寡而影响到欲念与生活方式。别人觉得这样很奇怪，他却甘之如饴，还把大部分的财产捐给基金会。

"拥有"与"放下"之间需要智慧。放下之前，先学会拥有，如此便可在人生的不同阶段领略不同的风景。

延迟享乐，让该做的事更有趣

一位学生写信问我如何拒绝诱惑，他说自己在尝试着做时间管理，但总会遇到一些诱惑而搁置计划，他不讳言自己不够专心，事情做到一半，思绪常常飘走，又去做别的事，因此希望我能够提供关于时间管理的建议。

他的这个问题其实是许多人都有的。我们往往会选择去做自己喜欢做的事情，然后延迟做讨厌的事。如果讨厌的事是非做不可的，而喜欢的事却是可做可不做的，就会导致该做的事迟迟没做，而喜欢却不重要的事把时间都占满了。等期限到了，该做的事没做，自己懊恼不已，别人也会觉得你不靠谱。所以，洞察人性，进而按优先级管理事情，成了我们该学习的一堂课。

倾若这是诱惑，则表示我们心里有所想，才让我们分心。依照人性，我们不可能拒绝诱惑，就算可以，那也只是表面，内心还是会累积渴望。所以，诱惑不是去拒绝，而是要引导。

在这种状况下，我建议用"延迟享乐"的方式向自己挑战。譬如你想先做完功课，再去玩游戏，可是却无法克制自己一打开计算机就直接去玩游戏的欲望，那么先跟自己玩一个游戏，告诉自己先做一件该做的事来交换。譬如念完功课的一个章节，才奖励自己玩一会儿游戏。把时间做一点切割，将诱惑当作礼物，这样就有趣多了。所以说时间管理可以有优先级，并设置奖品，这样动力就会比较强，但一定要贯彻落实才有效。

曾经有一位哈佛大学的心理学家做过一个"棉花糖实验"，这一实验是关于延迟享乐与人生成就的。他们每找 1 位幼童进房间，就放 1 颗棉花糖在桌上，并且告诉这个小孩，他们要离开几分钟，如果他能不吃掉桌上的棉花糖，那他们回来后就能够吃 2 颗棉花糖。

经过测试，只有 1/3 的小孩没有吃掉棉花糖，所以他们最终都获得了双倍的奖励。这个实验证实了，能不能延迟享乐是未来能不能成功的重要指标之一。延迟享乐的意义在于，你愿意牺牲眼前可以享受的利益，去换取自己想要追求的目标，直到完成目标，你便会享受到加倍的快乐，并会更加珍惜它。

懂得延迟享乐的人，为了长远的目标会克制自己的欲望，不被眼前的小利诱惑。但也不必像苦行僧一样，把延迟享乐变得有趣一点，或许可以慢慢做到。所以在时间管理上，我们可以借鉴这一实验，告诉自己先做完不想做的事，就可以得到一颗棉花糖，或许这样可以让我们抗拒诱惑，变成一个负责任的人。

"奇怪，我又想买衣服了，用什么来交换呢？嗯，去收拾一下衣柜吧！乱了好久，要空出空间，才可以让自己买一件衣服。"这样想着，我就有动力整理了，哈哈！

全员公关时代来临，不要小看公关

什么是公关？相信很多人是一知半解或根本不清楚。但是看着投入公关行业或是从事品牌公关的年轻人越来越多，我心想他们真的了解公关的本质和意义吗？他们抱着对公关的憧憬进入这个行业，以为公关工作就是媒体上看到的那些穿着光鲜亮丽，可以跟名人一起合照，有参加不完的晚宴和各式各样的活动。

但进入这个行业以后，可能就会发现真实世界与想象超有距离，慢慢地会体会到光鲜亮丽的背后是一群团队日夜不懈的努力。他得学习如何卷起袖子，学习魔鬼就藏在细节里，还要能抗压力、高效率、抢时效，有心的人一夕之间学了十八般武艺，抱着浪漫想象的人有可能一夕之间幻想破灭。

要说公关就先来用广告比较好了。大家都懂广告但不太懂公关，两者最大的差别在于，广告是自己说自己好，公关是让别人来说你好。公关可以说是一个说服和影响的过程，简而言之，就是影响力的运用。

还有人以为公关就是媒体的关系，其实媒体只是公共关系的其中一个影响者而已。但是为什么公关人员时常要跟名人或媒体或意见领袖联系在一起？那是因为这些人都是有影响力的人，希望他们可以发挥影响力帮助客户企业或品牌加分。

有时候也是借由这些有影响力的人来影响一个方案或是议题，所以说公关最重要的就是要搞清楚利益关系人（stakeholder）是谁，进而跟他们沟通。利益关系人包括客户、消费者、媒体、政府、工会、投资人等，举凡处理与他们的关系都是公关工作的一环，所以才叫公共关系。

公共关系绝对不是只有媒体关系而已，只是人们比较容易从媒体获取信息，所以大家就以为公关只是跟媒体联系。而我们有时候跟媒体之外其他的一些利益关系人沟通的时候并不是摆在台面上的，大部分人并不会知道。

公关的价值是帮企业或个人用大众可以理解的语言沟通，用大家可以接受的方式寻求支持和认同。很多企业都是站在自己的角度对外沟通或对外发言，不了解消费者心理学，往往花大笔预算却做了无效的沟通。因此公关人员最重要的就是将企业想传达的信息，用一种大众能够感同身受的语言去打动消费者或目标群众，这件事并不容易。所以好的公关人员必须要懂得消费者，以及有说故事的能力。

现代的企业必须要有全员公关的概念，也就是说每位员工都要做企业或品牌的大使，有责任维护企业品牌和推广。当然，前提必须是正直诚信而且有理念的企业，才能拥有这样追随的员工。

全员公关时代已经来临，企业更要善待员工，让员工诚心地相信你的理念，成为你最忠实的粉丝。

准备好了，一切就等待它发生

公关生涯久了，我便越来越有某种自信与自在，我可以预期某件事情的发生，然后就等待它发生。我不是预言家，也不是自我感觉良好，而是当一切就绪、准备充分之后，我唯一能做的就是等待它的发生，然后期盼一切按照"剧本"走。

当"一切皆在我的掌握之中"，就会有一种从容不迫的感觉，还有一种笃定感，这种笃定感是专业人士该有的一种养成。然而要达到这种境界，除了经验之外，事前的准备、规划和模拟都非常重要。演练几遍可能发生的桥段，让所有参与者都了解自己的角色，重要的活动事先演练一次，并且将紧急方案纳入演练内容，就可以有备无患。

年轻的时候，不懂演练的重要性，很多事情马马虎虎，觉得差不多了就上场，结果发现要处理的临时状况还不少。因为并不是每个环节都确认过，所以最后只能靠应变能力，不但当下精神会一直处于紧绷的状态，而且出错率还很高。归根结底都是偷懒的后果，懒惰还真是失败的根源之一。

在面对重大的活动时，一切当有 SOP [1] 程序规划，然而 SOP 只是基本程序，并不保证成功。若加上时间、空间、预算等因素，相同的活动重复再来一次还是会有不同的状况发生。唯有不断地预演又预演，拟好可能的备援计划，才会有"就等着它发生"的自信。

人生不也是如此吗？"做最好的准备，做最坏的打算"是做任何重大事情应有的心理调适。最好的准备就是事前尽力准备，确认每一个细节，并且做好万一意外发生时的准备。做最坏打算则是先做好心理准备，最坏的状况是什么，纵使发生了我也能够承担后果。能做这样的思考，大概就可以勇往直前了。

---

[1] SOP（standard operation procedure），即标准作业程序，就是将某一事件的标准操作步骤和要求以统一的格式描述出来，用来指导和规范日常的工作。——编者注

　　人算不如天算，如果最后还是出现了出乎预料的情况，那恐怕只能靠自己或团队的临时应变能力了。所以现场必须安排资深人士在场掌控，除了可以稳定"军心"之外，最重要的还是在危机发生时可以紧急应变。

　　事实证明，每次的行前计划，越仔细地演练每一个环节，就越能够接近预期效果。久了之后，当我在确认所有的细节都演练无误后，我就会说："让我们等待事情发生吧！ Action！"

不断走出舒适圈，丰富人生

舒适圈，谁都喜欢，它是一个你熟悉的圈子，也令你安心。当你需要休息疗养的时候，它像一个保温箱，让你很舒服、很放心地在里面休养。但它只是暂时的，而非长期的，如果在里面待太久，它反而会让你失去独立的能力。一旦休息够了，你还是得走出去接触新世界，以获得成长的养分。

当你对事情驾轻就熟，觉得工作没有任何挑战，渐渐丧失热情的时候，可能就是要走入舒适圈了。舒适圈之所以舒服，是因为它稳定安逸，无须改变，一切皆如预期，没有意外。但问题是外界的环境一直在改变，一直在前进，你要是一成不变，就只能眼睁睁地看着别人超越你。

在职场上，我有几次走出人人称羡的舒适圈的经验，事实告诉我，改变不见得会更好，但不改变会更糟。我的头脑好像有一根天线，只要我开始觉得工作太舒服时，它就会提醒我，让我产生危机感，告诉自己该改变了。这种改变也许是去挑战一个更艰难的专案，也许是换一个职务试试新的领域，也许是开创另一个新局。正因为我不怕改变的心态，我才有机会从一个业务助理走向创业，开创自己想要的人生。

我原本被大家视为一个没有专业的中文系毕业生，毕业后从科技公司业务助理做起，一直颠覆自己原有的舒适圈，转调过不同的工作，从展示中心小姐、计算机讲师、营销企划专员、广告文案到公关企划。这个颠覆自己舒适圈的过程就是希望自己更靠近喜欢和向往的工作，发掘自己的潜力和独特的竞争力。

我也曾在30岁当上科技公司国际营销处的经理，这在当年也是人人欣羡的工作，而我却在两年后因为工作太舒服，没有挑战性，感到学不到新事物，而辞职走向创业。

创业之后，挑战果然很多，但也因为如此，我学到了更多的东西。创业的过程让我热情迸发，全力以赴。后来公司被并购，我又开始学习当个称职的专业经理人，因此我的经营管理视野更上一层楼，与跨国的高手切磋着实让自己的能力提升了一大截。

做了董事长几年之后，我老毛病又犯了，发现日子又太舒服了，于是毅然离开自己创办的公司，将自己归零，开始尝试新的人生，写文章、做演讲、教书、当创业导师……这些做法除了能鼓励年轻人成长和创新之外，也能帮助我探索没有头衔的人生的可能性。

不断地走出舒适圈去尝试自己的各种可能性，一直是我对人生充满好奇心的原因所在。到现在，我还在人生道路上冒险，我始终相信，我做这些都是值得的，生命将对我有所回馈。

图书在版编目（CIP）数据

别在意别人走多快，专注于自己走多远 / 丁菱娟著. —杭州：
浙江大学出版社，2017.9

ISBN 978−7−308−17132−8

Ⅰ. ①别… Ⅱ. ①丁… Ⅲ. ①人生哲学-通俗读物
Ⅳ. ①B821−49

中国版本图书馆CIP数据核字（2017）第170697号

别在意别人走多快，专注于自己走多远
丁菱娟　著

策　　划	杭州蓝狮子文化创意股份有限公司	
责任编辑	曲　静	
责任校对	陈　翩	
出版发行	浙江大学出版社	
	（杭州市天目山148号　邮政编码310007）	
	（网址：http//www.zjupress.com）	
排　　版	杭州中大图文设计有限公司	
印　　刷	浙江印刷集团有限公司	
开　　本	880mm×1230mm　1/32	
印　　张	5.625	
字　　数	111千	
版 印 次	2017年9月第1版　2017年9月第1次印刷	
书　　号	ISBN 978−7−308−17132−8	
定　　价	35.00元	